全国园林绿化养护概算定额

ZYA 2(Ⅱ -21 -2018)

宣贯辅导教材

许晓波　主编

中国计划出版社

2018　北　京

图书在版编目（CIP）数据

全国园林绿化养护概算定额 ZYA 2（Ⅱ-21-2018）宣贯辅导教材 / 许晓波主编. -- 北京 : 中国计划出版社, 2018.10
ISBN 978-7-5182-0932-3

Ⅰ. ①全… Ⅱ. ①许… Ⅲ. ①园林植物－园艺管理－概算定额－中国－教材 Ⅳ. ①S688.05

中国版本图书馆CIP数据核字(2018)第231304号

全国园林绿化养护概算定额 ZYA 2（Ⅱ-21-2018）宣贯辅导教材
许晓波 主编

中国计划出版社出版发行
网址：www. jhpress. com
地址：北京市西城区木樨地北里甲11号国宏大厦C座3层
邮政编码：100038 电话：(010) 63906433（发行部）
北京汇瑞嘉合文化发展有限公司印刷

880mm×1280mm 1/16 9印张 279千字
2018年10月第1版 2018年10月第1次印刷
印数1—3000册

ISBN 978-7-5182-0932-3
定价：58.00元

编审人员名单

主　　编:许晓波

副 主 编:马顺道　徐佩贤

编写人员:马顺道　许晓波　王立中　徐佩贤　宋东锦　周　灵

沈伟荣　熊志福　宋丽芳　江　卫　忻　苹　李　娟

主　　审:傅徽楠　许东新

前　　言

根据住房城乡建设部(建标〔2018〕4号)文件要求,《全国园林绿化养护概算定额》自2018年3月12日起正式实施。为保证定额顺利推行,确保实施效果,编写组组织参与定额编制的相关人员编写了本教材。

本教材内容分为五章和8个附件。第一章概述部分,阐述了园林绿化养护概算定额编制的背景和意义,分析了园林绿化养护管理定额应用的现状,介绍了园林绿化养护概算定额编制的过程以及取得的成果,简介了园林绿化养护标准(报批稿)与园林绿化养护概算定额的对接情况;第二章对园林绿化养护概算定额的主要内容进行了介绍和说明;第三章对定额水平控制的意义和过程做了阐述;第四章对定额在实际运用中应注意的问题做了详细的解释;第五章对定额实施过程中综合估算指标的运用进行了探索。在附件部分提供了计算案例以及相关数据资料、表式,供各地区在实际使用中参考。本教材对定额运用中可能发生的问题做了重点的解释,供大家在定额运用过程中释疑。

本教材可作为新定额推行的宣贯材料、各地区城市园林管理人员学习定额的参考资料和定额管理机构培训造价人员的专业教材。

《全国园林绿化养护概算定额》是国家有关园林绿化养护专业的计价标准,第一次颁布,编写组在材料编写中难免存在考虑不周之处,希望广大读者和专家批评指正。

定额宣贯辅导教材编写组

2018年10月

目　录

第一章 概 述

第一节 定额编制的背景和意义

一、编制的背景

(一)城市绿化建设从重视增加面积向提高质量转变。

随着我国经济的发展和城市化进程的不断推进,城市园林绿化得到快速发展。自1992年国务院颁布《城市绿化条例》(国务院令第100号)以来,园林绿化的发展逐步法制化。1994年开始实施的《城市绿化规划建设指标的规定》(建城〔1993〕784号),提出了人均公共绿地面积、城市绿化覆盖率、新建居住区绿地占居住区总用地比率等指标。1996~1998年,住建部召开了创建园林城市暨城市绿化工作会议,提高了对园林城市重大意义的认识,加快了园林城市的建设。

2001年,国务院召开全国城市绿化工作会议,下发了《关于加强城市绿化建设的通知》,对今后一段时期的绿化覆盖率及人均公共绿地面积提出明确要求:到2005年,全国城市规划建成区绿地率达到30%以上,绿化覆盖率达到35%以上,人均公共绿地面积达到8m^2以上,城市中心区人均公共绿地面积达到4m^2以上;到2010年,城市规划建成区绿地率达到35%以上,绿化覆盖率达到40%以上,人均公共绿地面积达到10m^2以上,城市中心区人均公共绿地面积达到6m^2以上。自此,各级政府开始加大对城市绿化工作的重视程度,城市园林绿化进入蓬勃发展时期。

近年来,随着国家"十一五"规划、"十二五"规划及"国家园林城市""国家生态园林城市""国家森林城市""美丽中国"等标准的陆续出台,地方政府在城市建设中开始重视对园林绿化的规划布局,加速了城市园林绿化的发展。到2015年,我国城市建成区绿化覆盖率已达到40.12%,建成区绿地面积190.8万公顷,建成区绿地率36.36%,公园绿地面积61.4万公顷,人均公园绿地面积13.35m^2。

据资料显示,世界十大绿化名城分别为波兰华沙、新加坡、美国华盛顿、俄罗斯莫斯科、匈牙利布达佩斯、奥地利维也纳、英国伦敦、日本横滨、瑞士日内瓦、澳大利亚堪培拉(图1-1)。

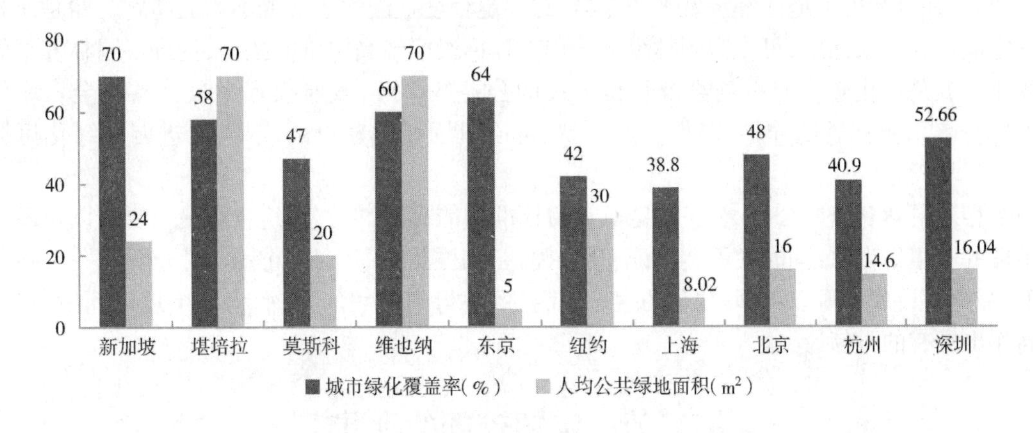

图1-1 国内外主要城市绿化情况比较

以上数据表明,城市绿化建设从21世纪初至今,经历了快速发展,城市绿化覆盖率得到大幅度提高,有些城市已经接近或超过一些发达国家的城市。但大量的绿地建设带来了如何提高绿地品质和绿地保存率,最大限度发挥城市绿化的社会和生态效益的问题,也提出了城市绿化可持续发展的问题。提高城市绿化养护和管理水平是解决以上问题的必要措施和途径。

绿化是城市有生命的基础设施,绿化的主体是植物,植物生长发育有其自身的规律。"三分种,七分养”是园林绿化工作的基本常识。园林绿化建设完成了第一步，而绿化养护则是一个长期的过程。园林植物在养护过程中通过生长发育、开花结果，构成绿地的季相景观，通过生长发挥绿地的固碳释氧、降温增湿、滞尘减噪等生态效应。

绿化养护管理则是通过人工的科学干预，促进植物恢复长势，适应城市环境和立地条件，形成绿地的自然景观，让人们感受到取于自然，高于自然的园林景观。丰富城市居民接近自然的需求，改善城市宜居环境。同时绿地中的园林小品、道路、建筑等设施设备也是绿地的组成部分，也需要加以维护，使绿地提供人们享受自然绿色的同时，也得到更好的服务。

（二）城市园林绿化从重视建设向重视管理转变。

习近平总书记在十二届全国人大五次会议上提出，“城市管理应当像绣花一样精细”。经历了快速发展的城市绿化建设，绿化覆盖率、人均绿地面积都得到了极大的提高，绿化的量已经得到保障。要保持绿化建设的成果，加强养护管理是必由之路。园林绿化的养护管理与城市管理一样必须科学化、精细化。体现精细化管理就需要科学地根据园林养护管理的过程，制定标准；以“量化”为指标，计算“工、料、机”的消耗量，根据当地经济发展状况，核定养护管理费用。使“量”的消耗与养护管理水平相配套，使养护管理费用与绿地景观水平和品质一致，保证地方政府财政资金发挥最大的绩效。而园林绿化养护标准和定额是科学化、精细化管理重要的标准和指标。

二、编制的意义

城市绿化是有生命的基础设施，绿化的养护和维护是公益性事业，但长期以来，绿化养护经费的核拨普遍缺乏依据，往往造成当地财政部门与绿化管理部门相互推诿，使养护管理经费经常性不足或无法及时到位，直接影响到绿化养护工作正常开展，出现了绿化后续发展能力不足的现象，在一定程度上影响了城市绿地景观的长期保持，以及生态效应的有效发挥。

首先，园林绿化养护标准和概算定额的编制为城市绿化养护管理科学化、规范化、精细化作业提供了标准和依据，为政府绿化管理部门和财政部门提供了绿地养护管理资金保障和财政资金绩效管理的依据。其二，园林绿化养护概算定额规范了养护管理作业的内容以及核算指标，提高园林绿化的专业化、规范化和精细化的养管水平。三是根据目前调查资料分析，由于缺少定额标准，各地区实际养护费用差异很大，造成了相同劳动，报酬不尽相同的局面，严重挫伤了企业的积极性，直接影响了城市园林绿化养护队伍的建设和发展。园林绿化养护概算定额的编制以绿化养护管理工作过程中的“工、料、机”消耗量为依据，综合考虑了地区经济发展的差异，在一定程度上缓解了劳酬不均的问题。四是园林绿化养护概算定额作为国家标准，可作为园林绿化养护工程招投标最高限价的依据，促进了园林养护管理作业的市场化。五是绿化建设是一项惠及每位公民的公益性事业，政府投入大量公共资金。绿化工程“三分种，七分养”，重视后期养护，确保养护经费，可以巩固绿化建设的成果，促进园林绿化可持续性发展。

在一个相对科学、合理、公平、公正的定额计费标准的前提下，能够杜绝企业漫天要价以及不负责任的低价中标的不正常现象；同时在资金保证、及时拨款、加强指导、后期考核、奖罚分明等一系列配套措施管理下，绿化建设成果得以巩固，绿化的生态、社会效益得到更大的发挥，为各个地区环境改善，生活质量提高作出应有的贡献。

第二节　定额管理的现状

一、我国各地园林绿化养护的定额管理

公园绿地是城市的基础设施，公园绿地的养护管理基本都是城市建设预算管理的范围，由地方政府通过财政拨款，绿化管理部门负责实施。通过园林绿化养护概算定额编制过程的数据填报分析和实地考察，发现全国各地大部分城市绿化养护没有采用定额管理，有些城市绿化养护费用采取估算指标，有

些采用最低价招标,造成绿化养护费用一直处于较低状态,绿化景观面貌得不到保证,发挥不出应有的效应。或是养护企业仅靠财政养护经费无法保证养护的工作量和质量,需要以其他工程费用或是专项费用加以补充。

参与园林绿化养护概算定额编制前期数据填报的41个城市中,采用定额管理的仅有6个省市(见表1-1),其中重庆市是根据绿地属性进行估算绿化费用。在采用预算和管理定额的4个省市中,定额的内容均是绿化植物元素,缺少建筑、小品、保安、保洁等元素,不能涵盖绿地养护管理的全部内容。绿地养护等级大都分为三级,内蒙古自治区则不分等级,不能反映绿地养护管理的差异性。有的定额项目数量较少,不能反映养护的实际工作量,也相应缺乏精细化养护的标准与要求。

表1-1 部分省市园林绿化养护定额编制形式对比分析表

省市	定额性质	编制方法	绿地分类	定额内容	项目数量	缺项内容
江苏省	预算定额	元素法	三个等级	乔木、灌木、球类、绿篱、竹类、攀缘、地被、草坪、花卉	156	建筑、小品、假山、水体设备、设施、保洁、保安等
河北省	管理定额	元素法	三个等级	行道树、林木、绿篱、地被、竹类、攀缘、防护林、水面、保洁	65	建筑、小品、假山、设备、设施、保安等内容
内蒙古自治区	预算定额	元素法	不分等级	乔木、灌木、球类、绿篱、草坪、草花、盆栽、防寒措施	231	建筑、小品、假山、水体设备、设施、保洁、保安等
天津市	管理定额	元素法	三个等级	乔木、灌木、球类、攀缘、绿篱、地被、花卉、草坪、水生植物	57	建筑、小品、假山、水体设备、设施、保洁、保安等
重庆市	估算指标	指标估算法	二个等级	市街、公园、居住区、水体、行道树、古树名木	12	建筑、小品、假山、设备、设施、保洁、保安等
上海市	概算定额	元素法	三个等级	乔木、灌木、绿篱、草坪、地被、花坛、竹类、攀缘、水生、造型、容器、非植物元素	256	古树名木、其他绿地养护、立体绿化

二、上海园林绿化养护定额管理实施状况

2010年,上海市园林绿化管理部门为了推进园林养护管理市场化改革,制定了2010版园林绿化养护概算定额并实施。上海2010版园林绿化养护定额没有采用传统的综合计价方法,而是根据上海市园林绿化养护标准划分的绿地组成的18个植物和非植物项目进行编制,故称18元素法。18元素主要是:树林、树丛、孤植树、花坛、花境、绿篱、球类造型植物、垂直绿化、容器绿化、地被植物、行道树、竹类、水生植物、古树名木、土壤、水体、园林设施、其他设施。考虑到绿地18元素并非都存在以及实际操作的需要,上海市绿地养护概算定额(2010)编制把18元素划分为植物元素和非植物元素两部分。植物部分为乔木类、灌木类、绿篱类、草坪类、地被植物、花坛、竹类、攀缘植物、水生植物、造型植物以及容器植物等11个类型;非植物部分为园林建筑、小品、假山叠石、水体以及其他设施、设备类5个类型。

园林绿化养护定额的颁布,在各区县实施的最初阶段难以推进,主要是从综合计价转向定量计价,定量的前提是要对绿地中18元素要有准确的量化数据,数据的收集需要大量的工作基础。为了推进养护定额的实施,绿化管理部门采用了计量定额与综合计价(每平方米养护费用)相结合的估算法。即:选择典型样地进行18元素的定量测算,2011年人工单价为80元/工日,测算结果为中心城区二级绿地

养护管理经费平均为23元/m^2，一级绿地养护费用为二级绿地费用乘以1.33系数。郊区则相应下浮30%，二级绿地养护费用约16元/m^2。经过几年的实施，养护经费过高的有所抑制，郊区过低的逐步提高，详见表1－2、表1－3。

表1－2　某郊区城区绿化养护费变动情况(元)

<table>
<tr><th rowspan="3">年份</th><th colspan="5">类　别</th><th rowspan="3">备　注</th></tr>
<tr><th rowspan="2">公园</th><th colspan="3">绿　地</th><th rowspan="2">行道树</th></tr>
<tr><th>一级</th><th>二级</th><th>三级</th></tr>
<tr><td>2006</td><td>—</td><td>—</td><td>—</td><td>—</td><td>—</td><td rowspan="5">2015年以前养护费用由财政总体打包拨付，未执行市场化运营及分类分级管理</td></tr>
<tr><td>2006～2015</td><td>10</td><td>8.67</td><td>6.03</td><td>4.85</td><td>50</td></tr>
<tr><td>2016</td><td>15</td><td>13.005</td><td>9.045</td><td>7.275</td><td>75</td></tr>
<tr><td>2017</td><td>15</td><td>13.005</td><td>9.045</td><td>7.275</td><td>75</td></tr>
<tr><td>2018</td><td>15.62</td><td>13.7</td><td>9.65</td><td>7.75</td><td>82.72</td></tr>
</table>

表1－3　上海某中心城区绿化养护费用变动情况

<table>
<tr><th rowspan="3">年份</th><th colspan="3">绿地(元/m^2)</th><th colspan="3">行道树(元/株)</th><th rowspan="3">备　注</th></tr>
<tr><th rowspan="2">一级养护</th><th rowspan="2">二级养护</th><th rowspan="2">三级养护</th><th colspan="3">(一级养护/二级养护)</th></tr>
<tr><th>悬铃木</th><th>其他落叶树</th><th>常绿树</th></tr>
<tr><td>2010</td><td>10</td><td>8</td><td>6</td><td colspan="3">40</td><td>财政核准经费为申请资金的90%</td></tr>
<tr><td>2011</td><td>10</td><td>8</td><td>6</td><td colspan="3">40</td><td>财政核准经费为申请资金的92.4%</td></tr>
<tr><td rowspan="2">2012</td><td rowspan="2">30</td><td rowspan="2">23</td><td rowspan="2">15</td><td>225</td><td>191</td><td>175</td><td rowspan="2">按照《上海市绿地养护概算年度经费定额(2010)》实施市场公开招标(以下相同)；财政经费定额满足率为65%</td></tr>
<tr><td>171</td><td>146</td><td>134</td></tr>
<tr><td rowspan="2">2013</td><td rowspan="2">30</td><td rowspan="2">23</td><td rowspan="2">15</td><td>225</td><td>191</td><td>175</td><td rowspan="2">财政经费定额满足率为63.5%</td></tr>
<tr><td>171</td><td>146</td><td>134</td></tr>
<tr><td rowspan="2">2014</td><td rowspan="2">35</td><td rowspan="2">32</td><td rowspan="2">25</td><td>429</td><td>360</td><td>329</td><td rowspan="2">财政经费定额满足率为62%</td></tr>
<tr><td>318</td><td>268</td><td>246</td></tr>
<tr><td rowspan="2">2015</td><td rowspan="2">35</td><td rowspan="2">32</td><td rowspan="2">25</td><td>429</td><td>360</td><td>329</td><td rowspan="2">财政经费定额满足率为72.2%</td></tr>
<tr><td>318</td><td>268</td><td>246</td></tr>
<tr><td rowspan="2">2016</td><td rowspan="2">40</td><td rowspan="2">32</td><td rowspan="2">26</td><td>506</td><td>445</td><td>388</td><td rowspan="2">财政经费定额满足率为80%</td></tr>
<tr><td>375</td><td>336</td><td>289</td></tr>
<tr><td rowspan="2">2017</td><td rowspan="2">44.92</td><td rowspan="2">34.9</td><td rowspan="2">27.4</td><td>347</td><td>292</td><td>267</td><td rowspan="2">财政经费定额满足率为100%</td></tr>
<tr><td>349</td><td>218</td><td>201</td></tr>
<tr><td rowspan="2">2018</td><td rowspan="2">44.92</td><td rowspan="2">34.9</td><td rowspan="2">27.4</td><td>347</td><td>292</td><td>267</td><td rowspan="2">财政经费定额满足率为100%</td></tr>
<tr><td>349</td><td>218</td><td>201</td></tr>
</table>

三、定额编制的难度

(一)地域广，自然条件差异大。

我国地域广阔，东西南北自然条件差异大，雨水、温度条件变化大。如年平均降雨量，哈尔滨约

560mm，银川约200mm，南宁约1300mm。园林绿化是植物为主体的设施，树木种类、分布以及生长发育都受立地条件、降雨量、温度变化的影响。降水量的差异影响园林养护排灌及浇水量的大小，甚至影响到树穴的构造，如北方树穴一般是下凹状，而南方大都平于路面或稍高于路面。

（二）养护管理技术和方式受地域和当地作业习惯的影响。

由于各地立地条件差异性的存在，植物生长发育过程的个体差异性的存在，各地的养护管理技术和方式也存在差异性。各地的养护方式也受到当地作业习惯的影响。如行道树悬铃木的养护管理，在上海需要3.2m定杆，按“三股六叉十二枝”的传统方式定冠修剪，而在山东部分城市则是3.5～4.0m定杆，南京则基本少修剪，保持自然生长形态。作业方式不同，所需要的“工、料、机”消耗量也有所不同。

（三）经济发展不均，受当地政府财力和重视程度的影响。

城市绿化发展的程度受当地经济发展水平的影响，也受当地政府财力和重视程度的影响，导致园林绿化养护投入人力、物力、财力不一致。如：园林养护的人工单价相当程度由地区最低工资标准决定，而各地的月最低工资标准差异仍是较大的（见表1－4）。

表1－4 2015年部分地区月最低工资标准情况

地 区	实行日期	月最低工资标准（元）			
		第一档	第二档	第三档	第四档
北京	2015.4.1	1720	—	—	—
天津	2015.4.1	1850	—	—	—
河北	2014.12.1	1480	1420	1310	1210
山西	2015.5.1	1620	1520	1420	1320
辽宁	2013.7.1	1300	1050	900	—
吉林	2013.7.1	1320	1220	1120	—
上海	2014.8.1	2020	—	—	—
江苏	2014.9.1	1630	1460	1270	—
安徽	2013.7.1	1260	1040	930	860
福建	2013.8.1	1320	1170	1050	950
江西	2014.7.1	1390	1300	1210	1060
广西	2015.1.1	1400	1210	1085	1000

第三节 定额编制的概况

2013年，住房城乡建设部向上海绿化和市容管理局等相关单位下达了编制园林绿化养护概算的定额标准[《关于委托组织编写城市园林绿地养护管理定额标准的函》（建城园函〔2013〕145号）]的任务。上海市绿化和市容管理局十分重视，专门组织专业力量，安排专项资金开展养护概算定额的编制工作。

一、确定参编单位、编制大纲

2014年3月22日，住房城乡建设部城建司在上海辰山植物园组织召开了“城市园林绿地养护标准编制座谈会”，确定了定额编制大纲和调研方案。明确了由上海市绿化和市容管理局牵头编制园林绿化养护概算定额，由北京市园林科学研究院牵头编制园林绿化养护标准。将全国分为东北、西北、西南、华北、华中、华南、华东七大片区，从每个片区中选择5～6个城市参与数据调研。

2014年10月30日，住房城乡建设部城建司召集了各省级住房城乡建设园林绿化主管部门负责人和标准定额所有关负责人在上海辰山召开了“园林绿化养护概算定额编制工作座谈会”。会上完善了编制大纲、调研方案以及基础数据调查问卷的主要内容，同时明确了41座参编城市名单，同时明确了参编城市责任人和联系人名单。

为有序推进定额项目的编制，上海市绿化和市容管理局抽调专职人员成立了定额编制工作小组，确定了定期例会制度。定期编制工作简报，上报住建部和下发至各参编城市，及时反馈工作进展，沟通工作信息。

二、分析资料，采集数据

为充分体现全国定额的适用性，特别是兼顾各地区养护管理的差异性、养护投入的不平衡等诸多因素，定额编制初期进行了资料收集和数据采集。

（一）收集资料。

为进一步了解其他省市的定额水平，定额编制工作小组收集了重庆市、河北省、天津市、江苏省、内蒙古自治区等有关省市的概预算定额资料。同时与北京市园林科学研究院保持联系，及时了解“园林绿化养护标准”基本内容，使得养护定额编制内容与养护标准保持基本一致。

（二）确定项目编制调查表。

根据各省市调查的定额使用情况，汇总、梳理成新定额项目。2015 年 4 月初，定额编制小组完成了“项目设置拟定表”和“基础数据问卷调查表”的主要内容，并征集了修改意见，“项目设置拟定表”征集了 68 条意见，“基础数据问卷调查表”征集了 16 条意见，编制小组针对征询意见进行了修改完善。

（三）开发数据管理系统。

为解决定额编制工作中的数据收集、数据分析工作，便于数据输入规范、统一，提高工作效率，开发了定额各省市基础数据管理系统。2015 年 7 月，完成了数据填报软件的开发和调试，数据由参编城市网上填报，数据集中管理。

（四）组织数据填报。

2015 年 8 月，“园林绿化养护概算定额”编制数据全国调查培训会在上海召开。培训会重点解读了“项目设置表”和“基础数据问卷调查表”的填报要求，以及数据调查采集及软件填报流程等。

各参编城市都很重视定额的数据调查填报工作，确定绿化样本点，落实调查人员。重庆园林局、宁波绿化局等牵头城市管理部门召开了片区工作会议，由分管领导布置数据调研和填报工作。41 个参编城市中，35 个参编城市完成数据调查填报工作。定额编制工作小组还赴部分片区牵头城市，考查绿地抽样调查点，实地核查数据。通过核查发现数据填报存在一些问题，如填报数据不全，遗漏了部分植物元素项目和非植物元素项目，部分填报数据明显偏离了日常养护中实际发生的消耗量等。数据调查工作小组根据提出的问题，补充相关数据，修改完善填报内容。定额编制工作小组还建立了微信群，将全国培训资料在群里共享，疑难讨论，工作进展通报，提高了工作效率。

（五）落实定额编制。

为更快更好地推进定额编制工作，以上海定额总站指导熟悉绿化养护定额的同志为主，分工明确，落实责任。定额的编制内容包括定额表、章节说明、计算规则等。汇总后形成了园林绿化养护概算定额初稿。

（六）开展数据测算。

根据各城市数据填报情况，选取数据填报较完整、定额元素较齐全的典型绿地样本点进行定额水平测算。2016 年 6 ~ 9 月，抽取上海、东台、重庆、哈尔滨、武汉和西安等几个城市典型的绿地样本点进行实地调查、测算。对填报数据进行了充分的讨论，调查填补了原有漏报或不完善的数据，确保了上报数据的准确性。后期又增加了银川、南宁等城市的绿化调查样本点。

（七）开展征求意见稿意见征询。

2016 年 9 月，定额编制工作小组完成定额征求意见稿，通过书面形式发送意见征询函，共征集了 128 条意见。编制工作小组对征询的意见进行归纳整理，并针对征询意见对定额进行了修改完善。

（八）专家评审。

2017 年 11 月住房和城乡建设部城建司、定额司组织专家对《园林绿化养护概算定额》进行了评审，与会专家认为：

1. 定额编制方法科学,编制依据充分,调查数据翔实。定额的表现形式,包括总体布局、项目设置及计量单位表示方法等,均符合定额编制要求。

2. 定额项目设置较齐全,总体水平合理。达到了规范、合理、科学安排使用养护费用的目的。

3. 定额编制既坚持了定额编制的原则,又在专业特点的基础上有所突破创新。

(九)批准发布。

定额编制工作小组对评审专家的意见进行了汇总、分析,并针对评审意见对定额进行了修改完善,形成报批稿,报送住建部。2018 年 1 月,住建部下发了《住房城乡建设部关于印发〈全国园林绿化养护概算定额〉的通知》(建标〔2018〕4 号),本定额正式批准发布,编号为 ZYA 2(Ⅱ -21 -2018),自 2018 年 3 月 12 日起正式实施。

第四节　园林绿化养护标准概述

一、园林绿化养护标准主要内容

由北京市园林科学研究院组织编写的"园林绿化养护标准(报批稿)"主要分为总则、术语、植物养护、绿化管理、分级质量标准、附录等六个部分。

(一)总则中明确了标准编制的目的:为提高城镇园林绿化养护管理水平,巩固和提高绿化建设成果,促进绿地养护管理的科学化、规范化。提出了适用范围:适用于城镇规划区内园林绿地中植物的养护和绿地管理工作。标准的作用:规范城镇绿地养护管理行为、明确绿地养护管理工作内容、考核评价绿地养护管理水平及养护管理经费定额的基本依据。

(二)植物养护主要对养护过程中的整形修剪、灌溉和排水、施肥、有害生物防治、松土除草做出了一般性规定,对树木(乔木、灌木、绿篱色带、藤木、造型树木、行道树、花灌木、古树名木)、花卉(一、二年生,宿根,球根)、草坪、地被植物、水生植物、竹类等具体养护操作做了具体规定。

(三)绿地管理则对绿地的植物调整、绿地清理与保洁、附属设施(包括建筑和构建物、道路和铺装广场、假山叠石、给排水和雨水收集设施、输配电照明装置、广播及监控设施、园凳园椅、垃圾箱等)、景观水体、安全保护以及技术档案提出了管理的标准和要求。

(四)园林绿化养护管理分级及质量要求。

1. 标准对绿地组成的主要植物元素,包括树木、花卉、草坪、地被植物、水生植物、竹类提出了养护质量要求,植物养护质量分为一级、二级和三级。养护质量要求分别从整体效果、生长势、排灌、有害生物控制、调整补植等 5 个方面提出具体的一、二、三级养护质量标准。

2. 在植物养护质量分级的基础上,提出了园林绿化养护管理的分级质量要求。园林绿化养护管理分级为:一级养护管理、二级养护管理、三级养护管理。

二、定额、标准对接情况

(一)标准、定额共同点。

1. 定位一致:风景园林技术标准体系中风景园林通用标准。

2. 分级一致:园林绿化养护管理分为三个等级,即一级养护管理、二级养护管理、三级养护管理。

3. 结构一致:养护工作分为两部分:植物养护和绿地管理(非植物维护)。

4. 内容一致:植物养护、绿地管理所包含项目大体一致。

(二)标准、定额差异。

标准是质量标准,定额是量化(消耗量)标准,在编制和运用上仍存在差别,主要是:

1. 定额在各等级技术措施和要求上,分项、分规格、分级按照单位面积计算年平均工作量。

2. 定额为计量准确,对特殊类型植物单独分级,如行道树、古树名木。

第二章　定额的主要内容

第一节　定额的项目组成

一、园林绿地的结构组成

城市园林绿地是以植物造景为主的景观生态绿地，其主体是植物，也有配景的园林小品、建筑等。作为人们休憩、活动的场所，有道路、广场，水电、广播监控、排灌等基础设施，满足于服务功能的服务设施。综合以上，城市园林绿地主要由植物部分和非植物部分组成。植物部分主要包括乔木、灌木、绿篱、竹类、造型、攀缘、地被、花坛、草坪、水生植物等十类元素；非植物部分主要包括园林建筑、小品、广场、道路、围墙、设施设备等。

二、植物元素定额项目的组成

（一）项目分类编排依据。

1. 国家“工程量计价规范（2013）”园林绿化工程，苗木分类方法。

2. 全国“劳动定额（2008）”园林绿化工程，苗木分类方法。

（二）定额“节”编排。

按城市园林植物的大类组成分项目如下：乔木、灌木、绿篱、竹类、造型、攀缘、地被、花坛、草坪、水生植物等十大类。

（三）定额“项目”编排。

按每大类园林植物的不同规格、栽植方式组成若干定额细项。

（四）其他绿化养护项目的节编排。

1. 其他绿地养护；
2. 行道树养护；
3. 容器植物养护；
4. 立体绿化养护；
5. 古树名木养护管理等。

三、非植物元素定额项目的组成

（一）建筑小品维护。

包括的范围为建筑维护、小品维护及其他零星维护等项目。

（二）设备、设施维护。

包括设备维护、设施维护及其他零星维护等项目。

（三）保障措施项目。

包括保洁措施、保安措施护等项目。

第二节　植物元素（项目）部分

一、园林植物养护为什么划分不同等级

（一）根据国家“园林绿化养护标准（报批稿）”的规定，不同绿地，因养护要求不同，需划分不同的绿

地养护等级标准。

（二）多年来的实践经验和这次全国调研资料显示，各大城市基本上都采用了不同的养护等级的方法。

（三）从实际情况来看，绿地养护等级标准不同，其人工、材料、机械的实际投入量差异明显。假定二级绿地投入量为1.0，则一级绿地约需增加30%左右的投入量，三级绿地的减少30%左右的投入量，所以有必要设置不同的养护等级定额项目，以示不同养护等级之间物耗和费用上的区别。

根据养护等级及绿化性质，本定额植物元素定额项目总计174个，约占本定额288个定额项目总数的60%。

二、植物元素等级养护定额项目

绿地植物养护分为三个等级，即一级、二级和三级养护，定额的第一章是一级绿化养护项目内容；类同，第二章、第三章是二、三级绿化养护项目内容，每章44个项目，三章共132个定额项目。

三、其他绿化养护定额项目

指绿地养护等级以外的其他形式的园林植物养护项目，即第四章其他绿化养护项目内容，该章有42个定额项目。

（一）其他绿地（非等级绿地）养护项目。

指城市园林绿化管理部门管辖范围内，养护等级（一～三级）以外，尚未确定养护等级的绿地，一般具有以下特点：

1. 根据实际情况，无法清点绿地内苗木种类、规格和数量的绿地。

2. 适用于自然绿地、风景游览区景点的自然生态绿地。

3. 根据实际发生的工作内容确定相应的定额项目，计算其相应的养护费用。

4. 其他绿地定额消耗量（工、料、机）略低于三级绿地养护消耗量，但略高于常规自然生态林地的养护消耗量。

（二）行道树养护项目。

1. 定义：行道树指为了美化、遮阴、防护等目的，在道路两旁成排、成行栽植的树木。

2. 行道树包括范围：

（1）道路：指市政交通干道；

（2）树木：通常为胸径8cm以上的乔木；

（3）不包括绿地范围内行人步道两旁栽植的树木；

（4）不包括公园绿地内园路两旁栽植的乔木。

3. 行道树养护需单独列定额项目的原因：

（1）养护和修剪有特殊的要求。

树木养护期间，对病虫害防治的特殊要求；树林修剪后的净空高度需达到3.20m以上；对树木的密度、骨架、树形、架空管线避让等特殊修剪要求相对较高；对树穴也有特殊的养护要求。

（2）和其他绿化养护相比施工条件相对困难。

养护作业需保证道路公共交通的畅通和安全；养护施工时对行人的安全保护；修剪垃圾需及时收集、外运等问题的处置。

4. 行道树养护的等级划分。

行道树养护划分为两级（即一级养护和二级养护），养护等级以外的行道树可依据一般绿地二级养护定额项目，计算其养护费用。道路范围内其他园林植物养护，可参照绿地养护等级中对应的一级或二级的养护定额项目，计算其养护费用。

5. 行道树养护的人工消耗量水平见表2-1。

表2-1 行道树养护的人工消耗量水平表

行道树养护等级	一般乔木人工消耗量	其他植物养护人工消耗量
一级	大于一级绿地乔木养护人工消耗量的30%左右	一级绿地
二级	相当于一级绿地乔木养护人工消耗量	二级绿地
非等级	相当于二级绿地乔木养护人工消耗量	三级绿地

(三)容器植物养护项目。

1. 容器植物的分类。

分为盆栽植物和箱栽植物两大类。考虑其可移动的特点,同时设置进出场费用计算定额项目。

2. 容器植物项目规格。

(1)盆栽植物定额项目规格以盆口的内径计算。分为30cm以内、50cm以内、50cm以上三种。

(2)箱栽植物定额项目规格以箱口的外径计算。分为100cm×100cm以内、150cm×150cm以内、150cm×150cm以上三种。

(3)盆栽植物内径超过80cm,可参照箱栽植物外径尺寸在100cm×100cm项目执行;箱栽植物箱口外径在80cm×80cm以下者,可参照盆栽植物50cm以上定额项目执行。

3. 进出场次数计算。

容器植物进场和出场分别以"次"为单位。按实际发生次数计算。工程量计量单位分别为10盆/次或10只/次。

4. 容器植物的养护时间计量单位。

与其他定额项目以"年"为计量单位不同,容器植物的费用计算,按实际日历天数计算。

(四)立体绿化定额项目。

1. 立体绿化的范围。

定额中立体绿化主要包括屋顶绿化和垂直绿化两大类,其中:

(1)屋顶绿化:主要指在建筑物、构筑物的顶部、天台、露台进行绿化和造园的一种绿化形式。除屋顶绿化外,还包括斜坡绿化、停车库库顶绿化等工程内容。其最大特点以大面积平面绿化为主,栽植基质土壤和地面土壤不发生直接接触的绿化栽植形式。

(2)垂直绿化:是指利用攀缘植物及其他植物栽植并依附或者铺贴于各种构筑物上的绿化方式。现在垂直绿化也有利用栽植基质土壤以植物袋式或模块式的立体的绿化形式。除不和土壤发生直接接触外,通常垂直绿化以相对独立的垂直平面为主,也有的垂直绿化带有特定的外观造型要求。

2. 屋顶绿化养护费用的计算。

屋顶绿化苗木的品种、规格和一般绿地的苗木品种相似,规格相对较少,品种较多。在定额编制中没有必要设置和普通的绿地养护项目相近的重复定额项目,所以原则上在套用一级绿化养护相关定额项目的基础上,用系数调整的方法,计算其养护费用,考虑屋顶绿化养护项目的特殊性,在相同的一级绿化项目的基础上,根据浇灌养护方式的不同,其人工和用水量可做适当的调整。屋顶绿化养护消耗量调整如下:

(1)人工浇灌养护:人工消耗量乘以1.25系数;水消耗量乘以1.50系数;其他工、料、机消耗量不变。

(2)自动浇灌养护:人工消耗量乘以0.75系数;水消耗量乘以1.30系数;其他工、料、机消耗量不变。

(3)屋顶绿化垂直运输费用。

依据国家《建设工程劳动定额(2008)园林绿化工程》第3.5垂直运输条款说明:"屋顶绿化工程,人力垂直运输增加采用系数的方法,调整人工消耗量。垂直运距每增加10m,按相应定额项目时间定额综合用工乘以系数3.5%计算"规定,以及有关立体绿化技术规程资料规定,屋顶绿化高度宜低于24m的要求,本定额编制时屋顶绿化养护定额项目中的垂直运输人工消耗量已做综合取定,若超过24m高度,也不再另行增加。

3. 垂直绿化养护定额项目及养护费用的计算。

定额对垂直绿化养护，设置了专门的定额项目。垂直绿化养护项目以3.6m高度为界，分为3.60m以下和3.60m以上两个定额项目，其工程量计量统计按展开面积10m^2作为计量单位。

(1)垂直绿化养护根据登高作业方式可分两种，即：

①3.60m以下采用八字扶梯和轻型钢(铝合金)脚手架为主；

②3.60m以上采用轻型2t登高车为主。

(2)垂直绿化养护消耗量调整：

①人工浇灌养护按定额项目规定的消耗量执行，不做调整；

②自动浇灌养护人工消耗量乘以0.75系数，其他工、料、机消耗量不做调整。

(五)古树名木养护项目。

1. 古树名木概念。

古树泛指树龄在百年以上的树木。名木指珍贵、稀有或具有历史、科学、文化价值以及具有重要纪念意义的树木，也指历史和现代名人种植的树木，或具有历史事件、传说及神话故事的树木。

2. 定额项目编制条件的确定。

(1)地理位置的确定。

由于古树名木地理位置的不同，影响到古树名木养护的施工条件。在市中心，势必会受到交通限制，施工环境的约束；在郊远地区，势必会增加人员和材料交通费用。本定额项目的设置以城郊结合部地理位置综合取定。地理位置变化其定额消耗量不做调整。

(2)生长态势的确定。

古树名木的生长态势按常规可分为良好、一般、衰弱、濒危四种不同状态。本定额项目的生长态度势以“一般”为标准设定的。古树名木生长态势的认定，应由各地区专业管理部门确定，除常规的养护需接受专业部门技术指导外，古树名木特殊的养护方法、抢救方案，需经专业部门认可后方可实施，并可增加相应的养护费用。费用调整宜控制在以下范围内：

古树名木的生长态势良好，应按定额项目基价乘以0.85系数；一般为1.0基数不变；衰弱为1.15系数；濒危为1.3系数，包干使用。

3. 古树名木养护项目的设置。

设定以树龄100年以上，树龄300年以上，树龄500年以上三个树龄段作为规格定额项目。

4. 古树名木养护项目的运用。

(1)古树的树龄由专业管理部门认定，并按认定的实际树龄，套用相对应的定额项目。

(2)名木不管树龄大小，原则上套用300年以上的定额项目，若实际树龄超过500年以上，可套用相对应的定额项目。

(3)为保护古树名木后续资源，有的地区把80年树龄以上的树木也扩展进入古树名木保护范围。80年树龄以上，100年树龄以下的特殊规格后续资源树木，可参照100年树龄以上的定额项目工、料、机消耗量乘以0.85系数的方法计算其养护费用。

5. 古树名木其他附属设施费用的计算。

(1)古树名木附属设施的范围。

指因保护古树名木所需挖沟渠，渠岸垒石，铺设排水、浇灌管道，增设围栏、宣传铭牌、支撑性保护、避雷针设置等相关内容。其附属实施维护费用的计算，可依据本定额第五章~第七章非植物元素维护相关定额项目，计算其维护费用。

(2)新增附属设施费用计算。

指原来没有，因保护古树名木所需新增加的附属设施工程内容，其费用的计算可参照当地的相关专业建设工程预算定额项目内容，计算其费用，但不得计算当年的维护费用。

第三节 非植物元素(项目)部分

一、园林绿化养护定额为什么必须包括非植物元素

(一)园林绿化养护不是单纯的园林植物养护。

绿地的组成不单单是植物,绿地的养护管理还应包括园林建筑和小品、园路和广场地坪、水面和堤岸、绿地内设备设施、绿地内保洁和治安的维护等工作内容。

(二)非植物元素的维护费用占整个绿地养护费用相当大的比例。

根据测算的资料,一般绿地中,纯绿化面积占总面积的60%,其绿化养护费用约占总费用的40%,非植物元素占总面积的40%,其养护费用约占总费用的60%。由此可见,非植物元素的维护费用占整个绿地养护费用很大的比重,不可或缺,必须纳入定额费用计算范围内。

非植物元素占地面积小但养护成本相对较高,根据测算:

纯绿地养护费用单价:一般在13~26元/m^2之间,平均单价为23元/m^2左右。而非植物元素维护费用单价包括道路广场维护、水面保洁、建筑及小品维护、其他设备设施维护、保安、保洁费用在内,一般单价在45~64/m^2元之间,平均单价为55元/m^2左右。

由此可见,尽管非植物元素所占的面积比例相对较小,但由于其维护费用相对较多,所以非植物元素的维护费用是养护费用中重要的组成部分。

二、非植物元素主要内容

定额第五章~第七章项目是绿地养护管理非植物元素的主要内容,包括第五章建筑小品维护(53个项目)、第六章设备、设施维护(45个项目)、第七章保障措施项目(16个项目)。非植物元素定额项目总计114个,约占本定额288个项目总数的40%。

(一)建筑小品维护项目。

1. 建筑小品项目内容,主要包括园林建筑维护和园林小品维护两大内容。分为3节,共53个项目:

(1)第一节:以园林建筑为主。包括园林普通建筑和园林古典建筑的维护。共11个项目。

(2)第二节:以园林小品为主。包括廊架、假山、园桥、栏杆、广场、道路、围墙等小品工程维护,共23个项目。

(3)第三节:其他零星维护。指以上两节未包括的零星建筑小品维护。包括雕塑、树穴盖板、水池等维护,共19个项目。

2. 项目的工、料、机取定。

(1)建筑及小品定额项目依据常规维护工作内容,取定相应的工、料、机消耗量。例如:瓦片破损更换,门窗表面油漆,道路修复所需的材料等,基本没有考虑采用结构性修复材料消耗量。

(2)其他部分项目根据维护项目工作内容,参照相关专业定额新建项目消耗量为基础结合相应的维护率取定其工、料、机消耗数量。

(二)设备、设施维护项目。

1. 设备、设施维护,主要包括设备维护和设施维护两大内容组成。分为3节,共45个项目。

(1)第一节:以设备维护为主的定额项目,包括配电房、水闸、泵房、车辆、机具、消防、健身器材等各种设备维护,共14个项目。

(2)第二节:以设施维护为主的定额项目,包括上水、下水、照明、广播、供暖、制冷等各种设施系统维护,共13个项目。

(3)第三节:其他零星维护。指以上两节未包括的属设备、设施范围内的零星物件维护。包括各种材质的园椅、园凳、垃圾桶、告示牌等维护项目。共18个项目。

2. 关于设备、设施概念的界定。

(1)设备是以消耗水、电、煤、油等作为驱动燃料进行工作的机器。一般不采用以上驱动燃料进行工作的相关的维护对象,称之为设施。

(2)为了使用方便,本定额以不同“系统”划分,进行定额项目的编排,例如:给水系统、排水系统、照明系统等。

3. 设备、设施维护费用的计算。

(1)计算方法:

同一块绿地,可能有多种设备、设施,在计算费用时,可采用以下两种方法:

①将各种设备、设施另列清单作为附件,将投资总价归纳叠加后,套用同一个定额项目计算其维护总费用。

②将各种设备、设施分别套用相同定额项目,进行费用的计算。但在列项时应注明具体的设备、设施名称、规格以备查考。

以上两种方法,视操作习惯和软件要求可自行选择。

(2)设备设施维护费用计算的特点。

以不同设备、设施购买、设置的总价为基础乘以不同的维护率,计算其维护费用。维护费用中40%作为人工费,60%作为材料费。总价指设备、设施购置、安装后的全部费用之和。

(3)其他零星设备、设施费用的计算。

①绿地中有关设备、设施的名称品种繁多,定额不可能一一设置相关项目,并确定相应的维护率。如发生定额项目中未列入的设备、设施维护对象,可套用“其他零星维护项目”。

②定额中设备“其他零星维护项目”和设施“其他零星维护项目”中,五年以内和五年以上的维护率是一致的。计算时可在两个定额项目中任选一个计算其维护费用。

(三)保障措施项目。

1. 保障措施是指植物元素养护和非植物元素维护以外,为保证绿地正常开放所必须做的其他日常维护、管理工作。其内容可分为2节,共16个定额项目。第一节,保洁措施项目,共12个项目。第二节,保安措施项目,共4个项目。

保洁措施中包括河道、湖泊、道路、广场、厕所保洁及垃圾处理等内容。绿地保洁内容(包括一级、二级、三级及其他绿地)已包括在相关定额项目的工作内容中,故不再另外设置绿地保洁定额项目,避免费用重复计算。

2. 厕所保洁、安全巡视等工作内容,若委托相关专业公司实施的,可另行签订相应的合同,并按当地专业公司有关规定计算其费用,进入概算总费用,但不得再重复计算本定额中相关项目的费用。

厕所保洁的计量单位为“处”,根据每处厕位的多少,套用不同的定额项目,男式小便池不作厕位数量统计。

3. 绿地保险费用。

保险费用指因自然灾害等因素所造成的损失和抢救恢复等费用,通常指火灾、水灾、旱灾、风灾、雪灾、雹灾、地震等自然灾害。

本定额中未列入相应的费用。若需要可按当地保险公司有关规定,确定保险费用并签订合同,进入绿地概算总费用中。

4. 重大节日、庆典费用。

重大节日、重要活动等涉及绿地调整和景观提升,应以专项报告的形式申请相应专项费用。

三、维护费用和维护率

(一)维护费用。

植物养护定额项目采用的术语是“养护”费用。而建筑小品、设备设施、保障措施项目采用的术语是“维护”费用。维护费用是指非植物元素保证其正常使用功能所必需维护而发生的费用。维护对园林建筑工程及小品维护而言,仅相当于维持其正常的使用功能,其建筑物维修级别接近于房屋维修中

"小修"的概念,一般尚未涉及建筑结构部分维修的程度。应低于房屋的中修、大修水平(房屋的中修、大修涉及建筑的结构)。

(二)维护率及运用。

1. 维护率的概念。

维护率原本是房屋维修管理中的一个基本概念,包括建筑小品中的维修、设备设施项目的维护和保养,本定额借用这一概念并延伸,作为本定额非植物元素维护费用计算的一种基本方法。维护率采用百分比"%"表示。

维护率采用百分比,而不采用定额常用的工、料、机消耗量表示,基于以下原因:

(1)各种设备、设施,品种繁多,不尽相同,无法取定相对合理、稳定的材料、机械消耗量和维护人工数量。如取定相对稳定的工、料、机消耗量,也不可能把所有的设备、设施维护项目全部列全。即使列全了,势必会造成定额项目无限扩大,但仍存在挂万漏一的问题。

(2)相同的设备、设施,由于地理环境不同,气候条件不同,操作使用频率不同,其零件的损耗和更替也不尽相同,故只能依据各种设施设备,主体材质的不同和常规维修频率不同,分别取定百分比。

(3)百分比表示方法是定额中常规材料损耗率概念的延伸使用,作为概算定额确定相对合理的维护经费额度的一种补充方法。

2. 维护率的运用。

(1)维护率的优缺点。

维护率的优点:对概算维护费用的组成,有了相对完整性的特点。同时也提供了一个相对简便的计算方法。

维护率的缺点:必须寻找绿地建设原有的造价费用资料,较为困难。同时存在原有的工程建设造价数据和维护费用计算期之间有一个时间差问题。

(2)维护率的取定。

①投资总额(价)的取定。

绿地建设竣工历史资料完备的,以竣工资料数据为准;竣工资料中没有的,以财务数据为准;财务数据也没有的,可按当年的相关工程造价指标估算价值为准。投资总额(价)的确定,除定额费用外,还包括费率部分费用,故又可称为"全额总价费用"。

②维护率的取定方法。

本定额中第五章~第七章定额项目中工、料、机的消耗量仅作为定额项目基价组成的基础。在实际使用中应根据实际所需的材料名称、规格和数量进行采购。

定额维护率的取定,是按材质的不同分类,确定相对应的维护率。

维护率分五年以内和五年以上,五年以内时间价值因素对维修费用影响较小,所以采用较小的维护率。五年以上时间较长,其价格变化较多,维修费用计算取定的维护率相对较大,其中已考虑了时间价值动态变化因素,不再另行增加。

维护率取定参考比例:

A. 按材质分类

	5年以内	平均	5年以上
①金属材质(钢铁件)	2.0%	2.8%	3.5%
②混凝土、石材质	2.5%	3.3%	4.0%
③塑料材质(含玻璃钢)	3.0%	3.8%	4.5%
④非金属材质(主要指木材)	3.5%	4.3%	5.0%
⑤其他材料	3.0%	3.8%	4.5%

B. 按设备分类

	5年以内	平均	5年以上
①机具、消防类设备	2.0%	2.8%	3.5%

②健身类设备	2.5%	3.3%	4.0%
③配电房、泵房类设备	3.5%	4.3%	5.0%
④车辆类设备	3.0%	5.0%	3.5%
⑤其他材料	3.0%	3.8%	4.5%

C. 按设施分类

	5 年以内	平均	5 年以上
①下水系统	2.0%	2.8%	3.5%
②上水系统	2.5%	3.3%	4.0%
③电力、照明、监控系统	3.0%	3.8%	4.5%
④制冷、供暖系统	3.5%	4.3%	5.0%
⑤其他设施	3.0%	3.8%	4.5%

(3)采用维护率计算维护费用的方法。

维护费用(元)=投资费用总额(元)×维护率(%)

计算实例:某绿地下水道铺设新建投资费用为 10.0 万元,其中定额规定五年以内的维护率为 2.0%,则其年维护费用计算如下:

维护总费用=10 万元×2.0%=2000 元

其中人工费用为维护总费用的 40%。则该项工程人工费用为:2000 元×40%=800 元;则材料费用为 2000-800=1200 元。

(4)维护费用中的人工费用。

一般情况下维护费中的人工费,是按定额规定在投资总价的基础上,乘以维护率后计算的维护费用中,按 40%提取人工费用。即 100 元的维护费中 60 元作为材料费,40 元作为人工维护费,同时其人工费可作为费率项目计算的基础(参见前维护率计算实例)。

(三)维护费不足的对应方法。

可向上级有关管理部门提出维修专题报告,另行立项申请维修费用。或办理报废手续报告。但维修的当年不得重复计算其维护费用,第二年的维护费用经总价评估值后,按五年以内的维护率重新开始计算维护费用。

第三章　定额的水平

第一节　定额水平的控制

一、定额的水平控制的概念

定额水平控制是指定额项目的确定和项目消耗量取定的合理性及准确性。定额项目的确定需要较好的完整性和对绿地构成元素的全覆盖。定额费用的大小，体现在每一个项目的人工、材料、机械消耗数量的取定，对每一个项目数量上的把控，既要体现实事求是的原则，又要有一个对定额总体水平合理控制的思路。

二、定额水平控制的指导思想和原则

（一）指导思想。

1. 项目消耗量的确定，应当是一个相同工作内容，统一的人工、材料、机械消耗数量的标准，通俗地讲制定一个相对合理的“公平秤”。

2. 依据各地不同的经济发展状况和生活费用指数，确定各地区相对合理的绿化养护费用，使政府财政资金对绿化养护管理既有保障，也不滥用；促进养护管理市场化，使从业人员在本地区有相对公平合理的经济收入，促进绿化企业队伍稳定。

（二）定额水平控制的基本原则。

1. 考虑定额项目的通用性。

定额项目的确定，要具有较好的包容性，除特殊自然条件以外，尽可能包括园林绿化养护中所有的计费内容。

2. 坚持定额平均先进的原则。

定额作为一个经济技术标准，其最原始的宗旨是平均先进的原则，有利于促进劳动生产率和管理水平的提高，有利于国家财力充分利用，起到促进落后和鼓励先进的作用。

三、定额水平控制的操作

（一）以国家《劳动定额》人工消耗量为上限，不得突破。

（二）依据企业现有常规的劳动生产率水平、施工条件和作业环境。

（三）总结有关城市的操作经验。特别是上海地区推行绿化养护预算15年，推行绿化养护概算6年以来，得到当地政府财政部门的认可。定额编制人员对多年以来定额推行的经验和教训进行了总结，在编制的过程中同时采纳了其他城市相关的经验和资料，为这次定额的编制奠定了可靠的基础。

（四）工、料、机消耗量的取定。

1. 定额消耗量确定的方法。

本定额主要采用“定额移植法”“劳动定额法”和“现场实测法”三种方法确定人工、材料、机械的消耗量。移植法即参照各省市现有的定额水平的方法；劳动定额法即参照全国劳动定额中有关园林养护定额标准的方法；对新增定额项目采用现场实测法即通过现场调研和资料分析，确定人工、材料、机械消耗量的方法。

2. 人工消耗量取定。

定额中的人工消耗量以综合工日表示，包括技术工种和普通工种的人工消耗量，人工按8小时工作制为基准。

3. 材料消耗量取定。

定额中材料消耗量包括净用量和损耗量，材料应符合产品质量标准，所列材料均为主要材料，其他用量少、价值低、易损耗的零星材料，已包括在其他材料费中。材料消耗量中周转性材料，均按不同施工方法、材质，计算出一次性的摊销量，已包括在定额项目消耗量中，除定额规定可调整的消耗量外，其他消耗量均不做调整。

4. 机械消耗量取定。

定额中的机械消耗量按普遍采用常规施工方法，结合施工实际情况综合取定，以主要机械为主，辅助机械台班消耗量已包括在主要机械消耗量中，不再增加。凡单位价值在2000元以内，使用年限在一年以内，不构成固定资产的施工机械，不列入机械台班消耗量，作为工器具费用在企业管理费中列支。

四、定额编制过程中的水平控制

（一）定额数据填报。

可靠的数据资料是控制定额水平的基础，各参编城市都很重视定额的数据调查填报工作，确定绿化样本点，落实调查人员。41个参编城市中，35个参编城市完成数据调查填报工作。定额编制工作小组还赴部分片区牵头城市，考查绿地抽样调查点，实地核查数据。通过核查发现数据填报存在一些问题，如填报数据不全，遗漏了部分植物元素项目和非植物元素项目，部分填报数据明显偏离了日常养护中实际发生的消耗量等。调研城市的数据调查工作小组根据提出的问题，补充相关数据，修改完善填报内容。同时成立了全国七大片区41个城市信息平台，编制了8期工作专题简报，召开了多次全国会议，传递了编制思路，共收集到了344条定额修改意见。

（二）收集相关定额资料。

定额编制工作小组收集到了6个城市相关定额资料以及其他若干城市有关绿化养护的文件和规定等资料。

（三）收集相关典型工程资料。

收集到6个代表性城市8个测算工程资料，包括上海、重庆、西安、武汉、哈尔滨、东台等城市工程资料，并通过各城市财务年度实际支出数据和定额计算数据进行比对、分析。收集了边远地区包括银川、南宁等城市的9个工程资料进行比对、验证。

第二节　定额水平的测算与分析

一、定额水平的测算

（一）测算方法。

1. 测算数据年限。

定额测算从2016年10月开始，由于需要可靠完整的年度费用数据，故以2015年财务费实际支出费用数据为测算基础。

2. 测算费用组成。

依据国家现有的工程费用组成规定，费用包括定额直接费用和定额费率费用。费率采用沿用编制地（上海地区）原费率标准，未采用增值税计费方法。

3. 工、料、机单价的取定。

（1）人工单价。

人工费用占养护总费用的80%左右，人工单价的取定依据人社部发布的2015年各省市工资标准为基础（详见附件五《2015年全国各地区月最低工资标准情况》资料），根据各地不同人工单价标准为基础进行测算。

(2)材料、机械单价。

采用定额编制地(上海地区)的单价进行测算。

4. 定额水平测算采用验证的方法进行。

按定额测算惯例,定额的测算应采用新老定额费用比较的方法确定新定额的水平幅度。由于本定额作为国家标准尚属第一次,无法和原有定额比较,故采用验证的方法,即抽取各省市不同城市的典型工程资料,以定额规定费用和当地年度财务实际支出的费用进行比较的方法。

(二)水平测算。

1. 测算抽样城市。

依据测算要求,编制组在参编城市提供的工程基础资料中,经筛选,抽取了相对符合条件的13个典型工程进行了水平测算。

2. 定额水平分析。

(1)沿海城市。

选用上海地区3个典型工程资料。定额费用为106.5万元,实际费用为108万元,若执行新定额,养护费用将有1.39%的下降幅度。

(2)中、北部城市。

选用哈尔滨、武汉、重庆3个城区各1个典型工程资料。定额费用为772.9万元,实际费用为633.7万元,若执行新定额,养护费用将有18.02%的增加幅度。

(3)西部城市。

选用南宁、银川2个较偏远地区7个典型工程资料。定额费用为4660.7万元,实际费用为2641.1万元,若执行新定额,养护费用将有43.33%的增加幅度。

造成定额费用和实际费用差距较大的原因分析如下:

①地方财力有限或财政养护计划资金准备偏少,造成养护资金拨款不足的情况。

②测算工程养护等级为一级,明显偏高,若改为二级养护则费用有较大的下降。

③总体而言,追加拨款费用20%~25%,下调养护等级,可减少定额费用20%~25%,可保证养护费用的额度在较合理的使用范围内。

二、定额水平的评判标准

(一)费用过于宽松:浪费国家财力资源。

(二)费用过于紧缩:挫伤企业积极性,影响城市绿化养护质量和绿化景观,造成国家绿化建设投资费用的浪费。

(三)定额水平控制的初期目标。

1. 适度的宽松:有利于新定额的推行。

2. 过度的紧缩:在推行过程中可能影响定额的执行力。

(四)定额水平控制的理想状态。

1. 坚持鼓励先进,促进落后的定额初始之旨,充分体现定额水平平均先进的基本原则。

2. 在国家现有规定的条件下,对费用高者有所抑制,对费用低者给予适当增加费用的空间,充分体现同工同酬的分配原则,这才是定额水平控制的理想状态。

三、定额水平分析

(一)定额水平控制在现有国家标准范围内。

新编的《全国园林绿化养护概算定额》其人工消耗量,根据抽样比较,其平均消耗量比国家劳动定额(2008)消耗量减少15%左右,没有突破国家标准规定的框架范围。

(二)相对合理的定额水平控制切入点。

新定额对城市绿化养护概算费用的计算,有一个适度的增加空间;同时对人工单价在实际使用中偏大的不合理现象，有所抑制；尤其是对偏远地区绿化养护费用的逐年合理的增加拓展了空间，必将有助于各地区城市绿化养护管理整体水平的提升。

（三）达到定额编制的预期目标。

我国地域广阔，自然条件各异，各地在城市园林绿化养护操作上条件和费用投入上不尽统一，在这种差异较大的条件下，要控制定额总水平，确实有很大难度。

定额编制组严格遵守定额编制的指导思想和定额水平控制原则，尊重各地现有的养护条件和实际情况，在国家有关规定的框架下，依据定额编制基本特点和格式，定额水平保持了相对合理，在专业特点的基础上有所突破创新。

第四章　定额的运用

第一节　定额使用说明

一、定额的性质与定位

（一）定额性质。

城市园林绿化养护费用的计算，依据工程费用计价体系，可分为三种，即预算、概算、估算。本概算定额是计算园林绿化养护概算费用的依据，和预算、估算费用的区别如表4－1所示：

表4－1　预算、概算、估算费用的区别

费用名称	计算依据	使用部门	费用作用	计量单位	正确率
预算	预算定额	企业参考	投标报价	个位	±5%以内
概算	概算定额	管理部门	申报依据	十位	±10%以内
		财政部门	拨款依据		
		招投标部门	投标限额		
估算	估算指标	行政管理部门	费用控制	百位	±20%～30%以内

从表中可以看出，绿化养护费用性质不同，其编制依据、使用部门、费用的用途，甚至计量单位的使用等都不尽相同，不能混同使用。

（二）定额的表现形式。

1. 定额的发布：以国家标准的形式，由国家住房和城乡建设部颁布；地方定额，由各省、自治区、直辖市建设主管部门发布执行。

2. 定额表现形式：依据住建部对工程造价管理采取“控制量、放开价”，企业自主报价，市场形成价格的指导方针，本定额作为国家标准只有人工、材料、机械的消耗量标准，没有相应的价格配置。价格的发布和定额管理，由各省、自治区、直辖市依据市场价格动态管理的原则，由地方定额管理部门适时定期发布。

（三）定额定位。

1. 适用于城市园林绿化管理部门管辖范围内所有的绿地养护概算费用的计算。

2. 本定额的消耗量作为国家标准，和已发布的《房屋建筑与装饰工程消耗量定额》TY 01－31－2015、《市政工程消耗量定额》ZYA 1－31－2015等定额一样，作为投标（消耗量）最高限额的依据。

本定额在定位上有以下特点：

（1）国家城市园林绿化养护管理行业费用计算标准。

（2）城市园林绿地范围内植物养护和设施、设备维护管理技术规范标准的体现。

（3）按常规定额编制方法，规定的定额项目工、料、机消耗量标准。

二、定额编制依据

定额总说明中仅作原则性表述：“现行的行业技术规范、国家计价规范、以及相关的各地区定额和工程资料。”

具体参照依据如下：

（一）国家清单《园林绿化工程工程量计算规范》GB 50858—2018中的补充项目内容（绿化养护）；

（二）住建部《建设工程劳动定额—园林绿化工程》LD 75.3—2008项目排布和规格分类；

（三）国家《园林绿化养护标准（草案）》；

（四）江苏省《仿古建筑与园林工程计价表（第三册）（2007）》绿化养护相关预算定额项目；

（五）青海省《城镇园林绿地养护管理定额（2014）》按绿地分类（公园、社区、街头）；

（六）重庆市《园林绿化养护管理标准定额（2010）》有关公园、社区、街头绿地养护等级 m^2 指标费用；

（七）天津市《城市园林绿化养护管理定额（2007）》有关植物分类（十一类）一级养护费用标准；

（八）乌鲁木齐《园林绿地养护管理估算指标（2014）》有关 1 ~ 3 级植物分类养护平方米费用指标及 1 ~ 3 级道路、公园平方米费用指标；

（九）河北省《城市园林绿化养护管理定额（2006）》有关植物 1 ~ 3 级养护分类方法；

（十）内蒙古《自治区园林绿化养护工程预算定额（2009）》有关植物分类及规格（无等级划分）；

（十一）四川省《工程量清单计价定额 · 园林绿化工程（2009）》有关植物分类及成活率和保育期划分；

（十二）广东省《园林绿化工程综合定额（2003）》有关植物分类、成活率和保有期划分及高架、花槽、湿地植物、图案绿化等工程内容；

（十三）上海市《上海市绿化养护概算定额（2010）》；

（十四）上海市《古树名木养护概算（经费）定额（初稿）（2013）》；

（十五）上海市《生态公益林养护概算定额（2012）》；

（十六）上海市《园林绿化养护技术规程（2009）》；

（十七）上海市《园林绿化养护技术等级标准（2008）》；

（十八）上海市《立体绿化技术规程（2014）》；

（十九）上海市《环卫作业养护预算定额（试行）（2011）》等相关资料。

三、定额的适用范围和使用条件

（一）定额适用范围。

1. 城市绿化管理部门计算和申请养护概算费用的基础；

2. 政府财政部门款项计划和拨款依据；

3. 是企业参加招投标活动中消耗量最高限额标准。

（二）定额不适用范围。

1. 企业不得作为投标的费用依据；

2. 不得作为企业承揽（签订）养护任务的依据；

3. 不得作为企业结算养护费用的依据；

（三）定额的使用条件。

1. 定额说明所指的正常施工条件，主要包括以下内容：

（1）气候条件：冬季平均气温在 5℃以上，夏季温度在 35℃以下。

（2）地理条件：海拔 2000m 以下，地震区七度以内地区。

（3）施工高度：以室外地坪标高起算至 20m 以下。

（4）不包括因素：自然灾害和战争、动乱带来的损失和破坏等因素。

2. 定额说明所指的常规的施工方法。

指目前施工条件下，大多数施工企业所采用的施工工艺和施工方法。

3. 若超过以上施工条件和施工方法，或者发现定额缺项，各地区的定额主管部门可结合本地具体情况，按国家有关规定另行编制补充定额项目，调整相关消耗量。

若符合以上条件范围内，除定额规定的可调整的项目外，均不得调整本定额项目工、料、机消耗量，体现定额标准的公正性、权威性。

四、定额特点

（一）基本实现了计价元素的全覆盖。

从绿化养护属地管理的职能范围角度，其费用的计算，从地下下水道至地面建筑；从水面保洁至岸地道路、广场保洁；从设备维护至设施维护；从厕所保洁至绿地保安等基本涵盖了所有计价元素，较完整地反映了绿地管辖范围内各种元素费用的计算标准。

定额编制条件是正常的施工条件，未包括各种自然灾害补救费用，但基本上能满足各地区在一般情况下绿地养护概算费用计算的使用要求。

（二）既坚持了定额编制原则性，又开创了灵活性的原则。

1. 定额的原则性。

坚持了在定额规定的计量单位范围内，按规定的工作内容，确定具体的工、料、机消耗量的定额编制原则。在实际编制过程中，依据不同的计量单位，不同的计价元素，确定实际养护品种，具体数量的多少，在这种条件下，可确定相应定额项目的工、料、机消耗量。

这种方法，既坚持了定额编制的基本原则，又可在使用中配以不同时期的价格，并利用电脑软件，动态地体现出不同时期的养护费用，适应当前市场经济的价格变化需求。

2. 开创了灵活性的调整方法。

根据国家行业标准《建设工程劳动定额（园林绿化工程）（2008）》说明 3.7.10 条："由于绿化工程受地理、气候影响很大，允许各地在实际地理、气候情况在 10% 幅度内调整时间定额"的规定。

定额在实际应用中，可根据本地区降水量的不同、允许用水量的调整，并规定了调整的方法，同时也意味着突破了国家定额消耗量标准原则上不可调整的规定，体现了园林专业的特殊性，开创了园林定额在实际应用上的灵活性。

（三）体现了在定额应用中两个"创新"。

1. 采用了维护率百分比计算维护费用的新方法。

一般定额项目的费用计算，均采用根据绿地实物量的多少计算其工、料、机消耗数量。本定额非植物元素维护费用项目的计算，由于各地自然条件、气候因素，使用频率上不同，很难取定相应定额项目工、料、机消耗数量，为此采用了以项目投资总额和规定的维护率百分比计算维护费用的新方法，保证了在绿地养护概算费用计算中，应该计算的费用不被遗漏的问题。

一般园林绿化的养护，均以绿地范围划分管理责任区域的。一些零星的维护项目费用，如绿地内各种设备、设施的维护，园凳（椅）、垃圾筒、指示牌等维护，若无相关定额项目，无法计算其维护费用，管理责任单位理论上可以不管，这样势必会形成绿地管理上的死角和盲区，会对整个绿地的环境、容貌、使用功能产生负面不良影响，有违定额编制的初衷。

在定额编制中采用了以投资（建造）总额乘以相应的维护费百分比的方法计算其费用。尽管这种方法不一定十分精确，但定额中这些费用的存在可以促使绿地管理单位担负起相应的维护责任，这种"创新"的方法，可以在定额实施过程中加以实践，并期待有更好的方法替代。

必须说明的是，在定额编制中，尽可能包括了所有的养护维护费用。但在实际费用计算时，应以本单位管理的责任范围内容计算费用，不得计算不在责任范围内的任何费用。例如有的广场绿地，其照明系统属于市政管理单位维护，则其维护费用不得计算；又例如绿地保安、保洁项目，分包给其他专业单位承担，则不应计算定额项目中的相应费用。

各地在编制当地园林绿化养护概算定额时，可尝试性地根据当地的地理、气象条件，在总水平相对平衡的条件下，补充符合当地的定额项目。

2. 突破了作为国家消耗量定额标准，原则上其消耗量上限不得突破的明确规定。按一般定额使用惯例，国家消耗量标准应作为上限，地方上均不应突破。

本定额考虑到各地地理、气候条件的不同和园林植物的特殊性，以及国家行业标准"2008"劳动定额有关规定的精神，允许部分消耗量依据当地根据不同条件，进行消耗量的适度调整。但不得突破本定额规定的范围、调整原则和方法。

第二节　定额的管理

一、定额管理部门的职责范围

通常指定额项目的修编、补充，定额配套参考费率的制定，定期工、料、机价格的发布，以及在定额推行过程中的宣贯、培训、解释和纠纷的调解等工作。

二、定额管理主管部门

指各省、自治区、直辖市建设主管部门（建委）下属的定额标准管理的专职单位。而不是指各省、自治区、直辖市下属的各行业的行政管理部门。

（一）园林绿化养护概算定额的编制和管理，属于工程维护费用管理范畴，应纳入本地区工程费用管理体系。同时应依据当地经济发展水平和技术规范，协调平衡好与其他工程相关专业之间的费用水平。

（二）实行定额标准制订和行政执行分离的原则，使其更具客观公正性。

1. 制订定额标准更加规范和专业。

2. 更容易得到绿地行政管理部门和财政拨款部门双方的认可。

3. 制订定额标准时，可委托相关专业部门，并聘请专业经验丰富，政策水平较高的技术人员参与，以便制订的定额标准符合当地实际使用需求，更充分地体现费用的科学性和公正性。

三、绿地养护等级确定的管理单位

（一）应由当地的绿化行政管理部门，依据政府允许财力，提出本辖区范围内绿地的养护等级级别和比例。

例如向区一级财政申请拨款的，则由区一级绿地行政管理部门负责提出本辖区范围内绿地养护技术等级的方案。有的城市需报市级绿地行政管理部门备案、批准后，方可确认。

（二）区一级绿地行政主管部门，确定本地区绿地养护技术等级数量和比例的依据是：

1. 依据上一级绿地行政主管部门的指导意见。

2. 视本市年度重大活动的具体情况。

3. 依据财政的具体情况，进行沟通、协商、平衡的基础上，确定各块绿地养护等级标准的数量和比例方案。

4. 确定养护等级数量和比例方案的单位，有的城市需向上一级绿化行政主管部门上报备案，经批准后，方可作为第二年年度经费计算和考核的依据。

（三）绿地养护等级标准比例的确定。

绿地养护等级的确定，应当由当地绿地管理行政部门确定合适的等级和比例。根据定额消耗量的取定，一级绿地消耗量最大，依次为二级绿地、三级绿地、其他绿地。绿化管理部门如全部取定为一级绿地，会给各地的财政带来很大的压力，若全部取定为三级绿地或其他绿地也不符合实际情况，所以当地的绿化养护行政主管部门应根据政府财力和绿化养护的实际需要，提出合适的比例，确定具体绿地养护的技术等级。

（四）及时公布合理的工、料、机指导价格。

定额的工、料、机指导价格的发布，应以当地主管工程费用的管理机构发布的价格为准。

1. 工程费用的专业管理机构应根据当地经济发展的实际情况，定期发布工、料、机指导价格。避免编制概算费用时，没有合适的价格，造成费用编制时的困难。

2. 指导价格要适应当地职工经济收入的实际情况，平衡好和其他专业工程之间的经济水平，确保绿化养护概算费用计算的适时性、合理性。

（五）坚持养护费用审计的严肃性。

依据使用政府财政费用必须有第三方审计的要求，绿化养护概算费用审计一般包括以下内容：

1. 工程基础数据是否正确;

2. 使用定额项目是否正确;

3. 选用的费率是否妥当。

绿化养护概算第三方审计制度是保证政府财政费用能否合理使用的必不可少的程序。

四、绿地养护等级和城市绿地分类标准之间概念上的区别

《园林绿化养护标准(国家)》和《城市绿地分类标准(国家)》是两个概念完全不同的标准。

(一)城市绿地分类标准。

按绿地主要功能进行分类(详见标准第2.0.1条),按具体功能划分为公园、综合公园、全市性公园、社区公园、街旁绿地等,同时还包括市政道路绿地等。

(二)园林绿化养护标准。

根据不同的养护标准,分为三个等级。具体绿地养护等级应按城市管理不同的要求确定相应的养护等级。例如:某街道绿地,作为重要示范性景观绿地,可采用一级绿地养护标准。某块城市开放性绿地在本地区当年度重要活动中,占据重要地段,则当年可调整为一级养护标准。某公园处于边远地区,人流量相对较少,非重要性地段,为压缩不必要的养护经费,可采用二级绿化养护标准。

由此可见,定额绿地养护等级分类和国家绿地分类两者是不同的概念。定额是以工、料、机实际消耗量的多少分类,国家绿地分类以绿地不同的主题内容和使用功能分类。街道绿地可定为一级养护标准,公园绿地可定为相对低级别的养护等级,均属正常的管理行为。

第三节 定额的计算及消耗量调整

一、定额计量单位

本定额计量单位可分为两大类,即时间单位和工程量单位。

(一)时间单位。

1. 时间单位的设置。

依据本定额总说明第七款规定,均以“年”为时间单位。

2. 时间单位的特点。

时间单位是一个比较特殊的计量单位,一般在建设工程定额中不出现,它是养护定额的一个特殊的表达方式。

本定额基本的时间单位以“年”为单位。有两层含义:

(1)指日历天数为365天。

(2)指365天中连续不断的计算天数的一个时间周期。

例如:某年1月1日起算至当年12月31日为一年。

例如:某年3月5日期算至第二年3月4日亦可称之为年,年的计算,中间不能有断续的关系。

3. 特殊的计量单位。

本定额时间单位以“年”为单位以外,为方便定额费用的计算,也有少量其他的计量单位。

例如:对可移动的盆栽植物和箱栽植物的养护和管理。

(1)以“天”为单位。

容器植物养护,编号4-3-1~4-3-3　　3个定额项目;

箱栽植物养护,编号4-3-5~4-3-7　　3个定额项目。

(2)以“次”为单位。

容器植物进出场,编号4-3-4　　1个定额项目;

箱栽植物进出场，编号 4－3－8　　1 个定额项目。

以上特殊计量单位在定额实际运用时，切勿搞错，否则将影响到费用计算的正确性。

（二）工程量计量单位。

1. 工程量计量单位的位置。

一般出现在定额项目名称的下方，作为养护定额项目规定的数量统计的单位。

2. 工程量计量单位的基本单位。

根据定额工程量计量单位使用的惯例，一般预算为个位，概算为十位，估算为百位。

本定额作为概算定额最基本的计量单位为十位，即 10 株、10 丛、10m、$10m^2$、$10m^3$……

3. 特殊工程量计量单位。

同样为了方便工程量数据的统计和人、料、机消耗量的取定。也存在少量定额项目中的特殊计量单位。例如：

（1）以“t”为工程量的计量单位。

伐枝木处理项目，编号 4－1－7　　1 个定额项目

垃圾处理项目，编号 7－1－5　　1 个定额项目

（2）以“株”为工程量的计量单位。

古树名木养护项目，编号 4－5－1 ~4－5－3　　3 个定额项目

（3）以“项”为工程量计量单位。

雕塑项目，编号 5－3－1 ~5－3－4　　4 个定额项目

建筑小品零星项目，编号 5－3－6 ~5－3－17　　12 个定额项目

设备维护项目，编号 6－1－1 ~6－1－14　　14 个定额项目

设施维护项目，编号 6－2－1 ~6－1－13　　13 个定额项目

其他零星项目，编号 6－3－1 ~6－3－18　　18 个定额项目

（4）以“$10000m^2$”为工程量计量单位。

河道、湖泊保洁项目，编号 7－1－1 ~7－1－4　　4 个定额项目

绿地专项治安巡视项目，编号 7－2－1、7－2－2　　2 个定额项目

（5）以“$1000m^2$”为工程量计量单位。

其他绿地养护项目，编号 4－1－1 ~4－1－6　　6 个定额项目

林地保洁项目，编号 4－1－8　　1 个定额项目

广场道路保洁项目，编号 7－1－6 ~7－1－8　　3 个定额项目

（6）以“厕位”数量为工程量计量单位。

流动厕所保洁项目，编号 7－1－9 ~7－1－12　　4 个定额项目

（7）以“处”“窗口”为工程量计量单位。

售票窗口、门卫检票项目，编号 7－2－3、7－2－4　　2 个定额项目

根据数量统计，不按 10 为基本工程量计算单位共有 81 个，约占本定额项目总量的 28% 左右，在使用定额时一定要识别这些特殊计量单位，并能正确使用。

二、绿地面积计算规则

（一）纯绿地面积计算。

1. 等级绿地、其他绿地以及立体绿化，按绿地实际面积计算。

2. 胸径 8cm 以上的行道树，按每株树穴大小（一般为 1.5m×1.5m 或 1.25m×1.25m 两个规格）计算绿地面积，并扣除相应的广场、道路面积。

3. 应扣除面积：

（1）园林小品和水面积等在绿地中的所占面积。

（2）绿地表面单体超过 $1.0m^2$ 以上的设备、设施小品等所占地面积。

4. 不纳入绿地面积计算的内容：

(1)植草砖铺地等硬质植草地坪。

(2)容器植物等可移动绿化占地面积。

(3)水生植物原则上只计算水面面积。若需计算水生植物栽植面积，则必须扣除相应的水面面积。

(二)建筑和小品面积计算。

1. 园林建筑。

(1)普通建筑。

参照《建筑和装饰工程预算定额》有关规定计算建筑面积。

(2)古典建筑。

参照《仿古建筑工程预算定额》有关规定计算建筑面积。

2. 园林小品。

(1)按实际占地面积计算。

无顶盖的花架、廊；假山(含塑假山及各种峰石)；园桥、园路、广场(含路沿侧石)；雕塑基座、花坛等零星建筑占地面积。

(2)不纳入占地面积计算。

围墙、驳岸、栏杆、附壁石等零星小品建筑占地面积。

(三)设备、设施面积计算。

1. 绿地内单体超过 $1.0m^2$ 以内的设备、构件和基础等占地面积应作相应的面积扣除。

2. 室内设备、设施占地面积，已包括在建筑面积内，不再重复计算。

3. 园路、广场内的设备、设施、树穴等占地面积不作计算，也不做扣除。

4. 以下设备、设施占地面积不再计算：

给、排水系统；电力照明、制冷制暖设备；园椅、凳；垃圾筒、报架廊、告示牌等设施占地面积。

(四)保障措施面积计算。

1. 水面保洁面积计算。

水面指绿地内河流、湖泊、水池等蓄水面积的计算，按常年平均水位计算其水面面积。

2. 园路、广场保洁面积计算。

园路、广场保洁面积按实际占地面积计算，不包括绿地内保洁面积。

3. 绿地巡视面积计算。

(1)绿地专项巡视。

按纯绿地面积计算巡视面积。

(2)绿地治安巡视。

按绿地的总面积计算巡视面积。

(3)厕所、售票房等面积计算。

按园林建筑有关规定，计算建筑面积。

(五)绿地五大元素指标的面积计算。

1. 纯绿地养护指标面积参照计算规则纯绿地面积计算有关规定，计算指标面积。

2. 园路、广场维护指标面积参照计算规则园林小品有关规定，计算指标面积。

3. 水面保洁指标面积参照计算规则水面保洁有关规定，计算指标面积。

4. 建筑和小品维护指标面积按建筑和小品实际占地面积计算指标面积(区别于施工面积计算规则)。

5. 其他维护指标面积依据绿地总面积作为指标面积(即以上四大元素指标面积之和)。

三、成活率养护期定额消耗量的调整

(一)园林植物养护期的划分。

依照园林植物不同时期的养护，本定额分成三个期，即栽植期养护、成活期养护和日常管理期养护。

1. 栽植期养护。

指苗木栽植后自竣工移交日起算1个月以内(花卉10天以内)的园林植物养护管理期,该阶段养护费用已包括在绿化苗木栽植预算定额项目内,不再另行计算。

2. 成活期养护。

又称成活率养护管理期。自栽植期养护结束之日起算,一般按月份数计算其养护费用。

成活期养护按月份计算规定如下:

(1)春季栽植的乔、灌木等园林植物养护,其养护时间应按月算至当年的9月底止。

(2)秋季和冬季栽植的乔、灌木等园林植物养护,其养护时间应按月算至第二年的9月底止。

(3)其他园林栽植采用相同的养护阶段划分方法计算其养护时间。

3. 保存期养护。

又称日常养护管理期养护,指园林栽植植物成活率养护期结束之日起计算日常养护期。按年计算,12个月或持续365天为一个养护周期。

4. 成活期养护和保存期养护在费用计算时,其时间计量单位有所不同,其消耗量也有所区别。应按照定额规定分别计算不同时期的养护费用。

5. 各地养护期的划分可依据当地气候条件和有关养护标准、规范规定,另行调整园林植物不同养护期的划分。

(二)成活期养护费用的计算方法。

本定额设置项目仅为保存期养护费用的计算,没有设置园林植物成活期养护费用的定额项目。成活期养护费用的计算方法规定如下:

1. 依据该绿地园林植物确定的养护等级,和园林植物的品种、规格、数量计算相应的(年)日常保存管理期养护等级的费用。

2. 依据以上总费用之和除以12,乘以规定的成活期养护月份数,再乘以1.25系数,即为该绿地成活期养护等级的费用。

3. 说明。

(1)1.25系数是依据住建部《建设工程劳动定额—园林工程》LD 75.3—2008规定的成活期项目和保存期项目之间总体费用,经比较后所测得的综合调整系数。

(2)养护月份数计算。

按日历天数,以月为单位计算,超过一周工作日(7天以上)按半月计算,超过二周工作日(14天以上)按一个月计算(不包括7天,14天本身),其中已包括养护承包单位人员进场和撤场时间。

(三)保存期养护费用的计算方法。

按本定额有关规定执行。

四、定额项目消耗量的调整

(一)肥料、药剂消耗量调整。

肥料包括促进土壤肥力和改善土壤物理性质的材料。药剂包括粉剂和水剂等各种状态材料。

1. 材料品种的选用。

肥料、药剂材料的采购和使用,应以无公害绿色材料为主,不能影响市民的生活环境。

2. 材料定额用量的取定,依据采样单位全部采购的品种、规格、数量和实际需要量,进行摊销,综合取定。

3. 计量单位和单价取定。

(1)计量单位。

肥料和药剂计量单位均以公斤(kg)计算,其重量的计算均以采购时的重量为准。不考虑添加剂和兑换加水后的重量。

(2)单价取定。

肥料、药剂的定额年度单价取定,由定额管理单位依据上年度肥料、药剂全部采购数量汇总后,采用算术平均的方法，计算其综合平均单价，作为本年度肥料、药剂定额综合平均指导性单价。

（3）药剂综合平均单价计算实例。

某辖区，药剂采购部门全年度采购情况见表4－2，可计算其综合平均单价见表4－3。

表4－2　全年药剂采购量清单

序	药剂名	剂型	规格	起售单位	单价	采购量
1	灭蛾灵(Bt)	悬浮剂	10kg/桶	20kg/箱	11.0元/kg	25
2	生物蛀(Bt)	粉剂	50克/包	100包/5kg/箱	60.0元/kg	6
3	花保	乳剂	10kg/桶	20kg/箱	14.5元/kg	12
4	百草一号	水剂	100毫升/瓶	60瓶/6kg/箱	65.0元/kg	4
5	蜗克星	颗粒剂	250克/包	32包/8kg/箱	30.0元/kg	8
6	强力壮树	水剂	100毫升/瓶	20瓶/10kg/箱	90.0元/kg	1
7	森德保	粉剂	500克/包	8包/4kg/箱	65.0元/kg	2
8	合计					

表4－3　药剂综合平均单价计算表

序	药剂名	单价	采购量	折合公斤数	药剂费	综合平均单价	备注
1	灭蛾灵(Bt)	11.0元/kg	25	500kg	5500		每桶5元
2	生物蛀(Bt)	60.0元/kg	6	30kg	1800		每包3元
3	花保	14.5元/kg	12	240kg	3400		每桶7.25元
4	百草一号	65.0元/kg	4	24kg	1560		每瓶6.50元
5	蜗克星	30.0元/kg	8	64kg	1920		每包8.25元
6	强力壮树	90.0元/kg	1	10kg	900		每瓶45.0元
7	森德保	65.0元/kg	2	8kg	520		每包32.5元
8	合计			876kg	15600	17.81元	

药剂综合平均单价＝药剂全年费用÷药剂折合公斤数

＝15600元÷876kg

＝17.81元/kg

4. 肥料、药剂消耗量的运用。

定额项目中肥料、药剂消耗量，依据定额项目规定，单价依据发布单位指导价。计算其定额费用，肥料、药剂费用在实际使用中包干使用不做调整。

施工单位肥料、药剂采购的具体品种、规格、数量应根据当地实际需要由养护企业自行决定。

（二）水消耗量的调整。

根据国家行业标准《建设工程劳动定额・园林绿化工程(2008)》3.7.10条文说明：绿化工程受地理、气候影响很大，允许各地根据实际地理、气候情况，对定额做适度调整的规定。

本定额对园林植物养护中的水消耗量做了适当调整。

1. 水消耗量调整的基础。

根据定额确定的消耗量为基础，用系数的方法进行调整。

本定额年降水量取定为1000mm。

2. 水消耗量调整系数的计算。

调整系数＝1＋(定额取定年降水量－当地年降水量)/当地年降水量

说明：当地年降水量依据气象权威部门公布的数据为准。

3. 水消耗量调整实例。

（1）例一：某绿地经计算其定额用水量为65m^3。当地气象部门提供的年降水量为850mm，试调整其用水量。

调整系数＝1＋(1000－850)/850＝1.18

则该绿地的年实际用水量应为：$65m^3 \times 1.18 \approx 77m^3$（t）

（2）例二：某绿地经计算其定额用水量为 $65m^3$，当地气象部门提供的年降水量为1650mm，试调整其用水量。

调整系数 $= 1 + (1000 - 1650)/1650 = 1 + (-0.39) = 0.61$

则该绿地年用水量应为 $65m^3 \times 0.61 \approx 40m^3$（t）

（三）其他材料消耗量调整。

1. 定额中的其他消耗量除定额注明者外，原则上均不做调整。

2. 定额中的其他材料消耗量，只作为概算定额项目组价时的依据，具体采购的材料名称、规格、数量应根据当地园林植物养护和设备、设施维护实际所需的情况由养护企业自主确定。

（四）机械台班消耗量。

1. 机械消耗量的界定。

依据国家有关规定，以下机械不列入定额机械消耗量范围以内：

（1）价值2000元以下；

（2）使用年限一年以内；

（3）不构成固定资产的机械。

符合以上条件的小型机械仅作为工器具费用，在定额管理费用中列支。

2. 其他机械台班消耗量的调整。

本定额中机械台班消耗量，已包括了其他辅助机械消耗量，虽在定额中未列出，但已做综合取定，不做调整。

（五）定额消耗量调整的内容小结：

本定额人工消耗量一般情况下，有以下三种情况可以调整：

1. 定额成活期养护消耗量和养护费用的调整。

2. 屋顶绿化养护不同浇灌方式对养护人工和用水消耗量的调整。

3. 不同地区年降水量不同对定额用水量的调整。

在一般条件下，如不存在特殊情况，其他定额消耗量均不做调整。

第四节　定额养护费用的编制

一、定额项目的配价

（一）执行国家"控制量，放开价"的指导方针。

早在2003年我国推行"工程量计价规范"时期，住建部对工程造价的管理提出了"控制量、放开价"的指导方针。

控制量指由国家定额标准管理部门组织专家，业内人员成立修编组织，确定工程项目施工、养护合理的人工、材料、机械社会平均消耗量。

放开价是由各地工程造价专业管理部门，发布不同时期的人工、材料、机械单价，形成当地不同时期相对合理的工程价格，对工程造价进行动态管理的机制。

（二）贯彻国家定额管理目标的需要。

近年来，住建部对工程造价管理又提出了"政府宏观调控、企业自主报价、市场形成价格、监督规范有效"的管理目标。

政府宏观调控。政府提出我国工程造价表现形式（工程量清单计价规范），同时政府发布一系列专业定额消耗量基础定额，指导工程造价的合理组成。

企业自主报价。依据地方政府专业部门发布的人工、材料、机械指导价格信息，由企业依据自身的实力、经验、管理水平，自主确定工程造价。

市场形成价格。依据政府规定的工程招投标管理平台，以公开、透明、竞争的方式，确定最终的工程承揽企业和工程合同总价。

监督规范有效。运用我国工程造价专职管理体系和职责范围，自上而下形成有效的管理、监督、检查等制度，确保工程计价行为规范、有序的开展。

(三)工、料、机价格信息发布部门。

我国地域广阔，各地经济发展水平不尽统一，各地区经济报酬相差较大，为适应各地经济水平差异的需要，本定额只有项目基础消耗量，没有相应的工、料、机配套价格。与定额相匹配的工、料、机指导性价格信息应由各地区建设主管部门下属的定额专职管理部门，统一定期测算和发布，确保发布价格的系统性、指导性和时效性。

二、费用标准的确定

定额养护费用的组成，不管预算还是概算均由两大部分组成，即定额费用和费率费用。

(一)定额费用的计算。

依据绿地实际存量，配以定额项目相应的工、料、机消耗量和相应的当期单价，采用计算机软件可分别计算各定额项目费用，其费用累计之和即为定额总费用。

(二)费率费用。

通常指定额费用以外的费用，包括企业管理费、企业利润、施工措施费、安全文明措施费，以及当地政府规定收取的其他各项费用，包括社会保险费、住房公积金等费用。该部分的费用，通常以百分比表示，故可统称为“费率费用”。

(三)费率费用的计算。

费率费用通常以百分比表示以外，同时规定了其计费的基础和计算方法，费率费用的计算一般有两种方式：

1. 以定额费用中的人工费用之和为基础；

2. 以定额费用(工、料、机)之和为基础。

不管采用何种计算方式，有当地工程造价管理部门，根据当地有关税项和税率的规定，和当地相关其他工程专业水平测算平衡后，由各地定额管理部门发布执行。

(四)费率标准制订依据。

费率计算设置的项目范围、名称、计算式和百分率，各地不尽统一，原则上依据住房城乡建设部、财政部关于印发《建筑安装工程费用项目组成的通知》(建标〔2013〕44 号文)要求和当地财税部门的有关规定，由当地定额管理部门提出方案报上级主管部门批准后执行。

三、养护费用的编制

园林绿化预算和概算费用的编制，在其方法上基本相同，两者的区别仅在于编制依据上的不同。定额预算和概算费用的编制，一般需要经过以下三个阶段：

(一)第一阶段：绿地存量基础数据的勘查。

绿地存量基础数据的勘查，是指依据定额规定的项目名称、规格、计量单位，勘查、统计、汇总所需养护或维护对象的基础数据，为定额费用的计算做好前期准备工作。绿地存量基础数据是否正确，将直接影响到该绿地定额养护费用计算结果是否正确。

1. 绿地存量基础数据勘查的方法。

一般可根据绿地内的道路、建筑、地形等形成的地块，进行划分，并在平面图上编上若干编号，例如 A、B、C 等，勘查人员根据地块编号，逐块进行清点、统计，再汇总形成整个绿地实际存量数据。

若按以上方法进行勘查的，可参照附件七绿地现场勘查数据统计表(表一、表二)。

分块数据勘查采用表二，汇总数据采用表一，两表的项目序号一一对应，便于数据对应汇总。该表依据概算定额项目设立。若进行预算费用计算时必须按预算定额项目，设置相应的勘查项目表。实际勘查过程中，若发现新增项目，可自行在表后进行项目的补充。

表一和表二的区别是:表二为绿地分块统计表,应填入具体的苗木品种便于复查。表一为数据汇总表,有定额编号和数量合计栏目,便于套用相应的定额项目,计算定额费用。这两个表格主要是为下阶段定额养护费用的计算,作数据上的准备。

2. 绿地实物存量的数据汇总统计。

必须严格按照定额设置的项目名称和规格、计量单位及有关规定进行勘查,不得改变。按总价费用乘以百分比维护率计算维护费用的项目,必须根据财务真实数据资料或工程结算资料相关数据,不得随意编造相关数据。缺乏以上相关数据资料的,可根据实际情况或采用估算综合单价指标,匡算总价费用的方法,但必须在编制说明中予以说明,便于核查其数据的真实性。

(二)第二阶段:定额费用的编制。

绿化养护定额费用计算,是一个运用工程费用计价软件,在电脑上操作的一个过程。其步骤大致如下:

1. 首先要有一个相对完善,操作方便的绿化养护工程费用计算软件,以保证费用计算的规范和正确。

2. 其次依据附件七《绿地现场勘查数据汇总表(表一)》中的定额编号和数量合计数,输入电脑中相对应的定额项目中。

3. 第三选用当地定额管理部门发布的适用于编制期的人工、材料、机械指导价,通过电脑操作计算该绿地养护工程的定额直接费用。

4. 依据当地定额管理部门规定的和绿化养护工程匹配的工程费率,计算该绿化养护工程的定额费用总价。

5. 根据计价软件设计的表格形式,打印相关的绿化养护工程费用编制资料,以及相关的五大元素费用单价指标(参见附件四表式)。

6. 最后编写"编制说明",其基本内容包括:

(1)绿化养护技术等级确定的依据;

(2)工程量基础数据的依据和来源(若按总价计算维护费用的定额项目,应提供相关项目竣工结算或财务实际支出复印件资料);

(3)人工、材料、机械单价发布的单位、时间以及取定人工单价的依据;

(4)工程配套费率发布的单位、时间,以及取定相关费率计算的文件名称及编号;

(5)其他有关费用计算的问题说明,包括补充人工、材料、机械单价的依据等资料说明。供定额养护费用核查时参考。

(三)第三阶段:定额养护费用的审查。

定额养护费用的核查,应在充分了解"编制说明"的基础上,审查费用编制文件。费用的审查一般可以分为内审和外审两种:内审指编制人员完成后,由本单位业务主管负责人复核后,方可上报;外审指上级拨款部门的核查(或委托第三方核查),核查人员提出审核意见,并经主管领导批准后执行。

审查的主要内容如下:

1. 绿化养护技术等级的确定。

绿化养护技术等级的确定,由当地绿化上级主管部门,根据本地区财力和实际需要需总体平衡,把控不同绿地的养护技术等级标准。

2. 绿地存量基础数据的核查。

一般可以采用每年轮查和抽查的方法,具体查核时可采用抽查和整体复查两种方法。为减少工作强度,通常可采用抽查的方法,如数据有出入,应予以调整。

3. 单价的复核。

单价的复核包括人工、材料、机械单价的复核是否按有关部门发布的指导价执行。重点是人工单价是否符合本地区实际情况,并在发布价格的范围内,其次是发布价格以外的补充人工、材料、机械单价是否合理,是否符合实际情况,如有明显不符则应调整。

4. 费率的复核。

是否在公布的幅度范围内,取定的比例是否和养护等级相匹配,不符合要求的应予以调整。

5. 检查和核对五大元素单价指标。

依据估算综合单价指标费用,检查是否在控制范围内,若超出估算综合单价指标,则应作重点的核查,核查内容主要有基础数据是否正确,工、料、机单价和费率运用是否合理等相关内容。

第五章　估算指标及其运用

绿化养护概算费用的计算中苗木品种、规格、数量的勘查、清点和复核是一个相对繁重的工作，它是园林绿化养护费用计算必要的基础工作。从没有定额标准，到有一个定额标准，是必须经过的历程。如何在概算定额的基础上，提升为更简单的方法，采用估算综合单价指标方法，是个值得创新和探索的课题。

第一节　估算指标的编制

一、估算指标的概念

估算指标是在概算定额的基础上，依据若干个典型工程的基础资料计算其费用，再采用算术平均的方法，计算出绿地五大元素的指标性单价费用。

估算指标的基本计量单位，按定额计量单位习惯通常使用方法，以“百”为单位的费用数量，例元/100m² 等。

二、估算指标的分类

估算指标的组成可以分成两大类，即综合单价指标和元素单价指标两种。

（一）综合单价指标。

1. 综合单价。

依据某一块绿地，按照概算定额计算出的总费用除以该绿地总面积得出的单位价格，称为综合单价。

2. 综合估算单价指标。

依据若干块绿地典型工程测算的工程综合单价，剔除明显不合理价格后，采用算术平均的方法计算出的单位价格，称为综合估算单价指标。

3. 综合估算单价指标的运用。

（1）综合估算单价指标的正确率。

综合估算单价指标在定额体系中的地位，应属于“估算指标”范畴，通常估算指标的正确率在正负20%左右。

（2）综合估算单价指标的运用。

依据测算分析，绿地中的各大元素比例不同，加上各大元素价格差异很大，所以不同的绿地有不同的养护概算费用。

利用综合估算单价指标计算园林绿地养护概算费用的方法如下：

绿地养护匡算费用 = 综合估算单价指标 × 绿地总面积。

运用该方法计算费用，忽略了绿地各大元素的比例大小的影响，所以该种方法，仅能作为匡算，而不能直接用作估算费用的计算。

（二）元素单价指标。

1. 元素单价指标的概念。

元素单价指标，即对影响绿地养护概算费用计算结果影响较大的定额元素进行归类。具体办法是将单价指标费用相对接近的元素归并在一起，可分为五大类，也可称之为大元素单价指标。

2. 元素单价指标的分类。

(1)元素单价的分类。

依据绿地养护费用的特点,将单价相近的元素归纳在一起,一般可分成:纯绿地养护指标、道路广场维护指标、水面积维护指标、建筑小品维护指标以及其他维护指标五大类。

(2)各类大元素单价指标的测算。

①前四类元素价格的测算。

分别依据前四类费用÷其相对应的实际占地面积,分别得到各大类元素单价指标。

②其他维护元素单价指标。

依据前四类费用中未包括的费用之和÷该绿地的总面积,平均分摊得到其他元素单价指标。

相对而言其他元素维护单价指标有两大特点:

A. 费用范围比较广,包括:绿地内设备、设施维护、保洁保安维护等前四大元素单价指标中未包括的所有费用。

B. 其他维护元素价格的计算,用前四类费用中未包括的费用之和÷该绿地的总面积计算出分摊费用(和前四类元素费用以实地占地面积计算的基数均不同)。

3. 元素单价指标的运用。

(1)元素单价指标是在综合估算单价指标的基础上,进一步细化的指标,但仍属估算指标范畴。

(2)适用范围。

适用于绿地各大元素不同比例的绿化养护概算费用的估算,其正确率通常在正负10%左右。

(3)利用元素单价指标,计算养护概算费用。

绿地养护估算费用=纯绿地养护费用+道路广场维护费用+水面积保洁费用+建筑小品维护费用+其他维护费用=绿地元素单价指标×相应占地面积+道路广场元素单价指标×相应占地面积+水面积元素单价指标×相应占地面积+建筑小品维护元素单价指标×相应实际建筑面积+其他维护元素单价指标×绿地总面积之和。

三、养护估算指标的编制

(一)估算指标编制依据。

本定额编制的《估算指标综合单价/元素单价指标费用参照表(2016)》(简称费用指标参照表)(详见附件一),编制依据如下:

1. 定额依据。

《全国园林绿化养护概算定额》编号为ZYA 2(Ⅱ-21-2018)。

2. 人工、材料、机械台班单价。

依据编制地(如上海)《人工、材料、机械单价取定表(2016)》(详见附件二)。

3. 费率标准。

依据编制地(如上海)《测算工程费率取定表》(详见附件三)。

4. 工程资料。

依据定额编制测算过程中各地典型工程(5个)和验证工程(9个)为基础资料。

5. 绿化养护概算计算实例(详见附件四)。

(二)估算指标编制条件。

1. 在相同地区选具有五大元素的代表性的工程资料(称之为典型工程资料)。选用的典型工程数量一般不少于5个,通常为5~8个典型工程较适合。

2. 依据定额规定的计量方法,勘查和复核各大元素的实际保有量,确保测算工程基础数据的正确性。

3. 采用工程造价定额管理部门发布当期的工、料、机信息价格和养护工程费率计算标准,作为第二年养护概算费用编制的依据。

4. 选用可靠的计算机应用专业软件。

5. 依靠合格的专业造价计算人员进行操作。

6. 估算指标的测算，一般由第三方定额管理机构负责，并经有关流程复核审查后，正式批准、发布、执行。

（三）各类估算指标的推导。

抽测几个代表性人工单价，采用中间平分两端延伸的方法，推导各人工单价区段内的各项元素指标单价。

根据以上方法，编制了（估算指标综合单价/元素单价指标费用参照表(2016)）。

编制过程中：

1. 人工单价。

考虑到全国各地人工单价的不同，设置了从 60 ~ 150 元/工日（步距为 10 元/工日）的基础数据。

2. 定额测算时，分别抽测了三个代表性人工单价，即 80 元/工日、100 元/工日、120 元/工日三个人工单价中，各养护等级的综合单价指标和元素单价指标。其中：

（1）中间值取定：90 元/工日、110 元/工日各大元素单价指标，采用测算工程区间段各项大元素单价指标平均值取定。

（2）延伸值取定：60 ~ 70 元、130 ~ 150 元利用各大元素单价指标之间的差值百分比率，用递减和递增的方式向两端延伸而形成各项大元素单价指标。

（四）各项指标值的验证。

1. 计算方式。

综合单价指标 = 各大元素指标单价 × 相应的绿地元素比例累加之和

2. 验证举例。

以 100 元人工单价、二级养护为例，各元素权数比例如下：

（1）纯绿地面积 65%；

（2）道路广场面积 13%；

（3）水面积面积 18%；

（4）建筑小品占地面积 4%（以上指标累计面积比例为 100%）；

（5）其他费用指标 100%（采用绿地总面积分摊的方法，故为 100%）。

3. 验证计算。

综合单价指标 = 2355 × 0. 65 + 829 × 0. 13 + 348 × 0. 18 + 4150 × 0. 04 + 480 × 1. 0 = 1531 + 108 + 63 + 166 + 480 = 2348 元/100m^2

与表中综合估算单价指标 2348 元/100m^2 相吻合。

第二节　估算指标的运用

一、估算指标运用的原则

（一）以定额为源头依据，估算指标是在定额和典型工程测算的基础上，经数据汇总处理后生成，所以估算指标的产生仍离不开定额，定额是估算指标的基础数据源头。

（二）以绿地元素组成为依据，若干总面积相同的绿地，尽管采用相同的人工单价、相同的养护技术等级，但由于绿地所含各大元素的面积比例不同以及各大元素单价指标上的差异，其养护概算费用也不相同。

二、估算指标的费用精确度

（一）综合单价指标：仅适用于和测算指标面积比例相接近的绿地，一般出现概率比较少，故较少采用综合估算指标方法计算概算费用。但综合估算指标可作为管理部门发布的年度指导价较为合适。

（二）元素单价指标：通过简单的计算，适用于各种不同元素比例的绿地养护费用估算，相对综合估算指标而言，使用频率较高，适用性较大，是一种简便的绿化养护费用估算方法。适用于面积比例不同的绿化工程估算费用的计算。

（三）养护费用计算精度：定额费用最正确，元素估算费用其次，综合估算费用相对较差。

三、估算指标的作用

为减少依据定额计算带来的繁重工作量，采用估算元素指标方法，可相对减轻工作量，克服定额使用中的弊端（现场实物勘查统计核对工作量所带来的困难），同时不至于造成国家财力的浪费，是一种可参考执行的方法。其中：

（一）定额费用计算——适用于测算工程。

（二）综合估算指标——适用管理部门发布年度控制指导价。

（三）大元素单价指标——对不适用指导价的工程进行复核和调整，若个别元素指标偏差较大，发生争议，可回归源头采用定额方法计算，选择重点进行核查。以确定其合理的最终概算费用。

四、估算指标的运用

（一）人工单价的确定。

本定额估算参考指标的编制（见附件一），依据国家人社部《2015 全国各地区月最低工资标准情况》资料（详见附件五），同时增加 10% 作为调资平均比例，作为 2016 年本地区人工单价基准。

1. 计算方法：

（1）月平均工作日 =（全年日历天数 - 双休日 - 全年国定假日数）÷12 个月。

（2）本地区日工资标准 = 年度月最低工资（最高档）÷月平均工作日。

2. 计算实例：

查《附件五》黑龙江省 2015 年最低工资最高档为 1160 元/月，计算其 2016 年度日工资标准。

（1）平均工作日 =［365 -（365 ÷7 ×2）- 11］÷12 =250 ÷12 =20. 83 天/月。

（2）黑龙江省（2016）年度日工资标准 =1160 ÷20. 83 ×1. 1 =61. 26 元/日。

（二）绿地养护技术等级的确定。

依据定额规定，绿地养护分为三个技术等级标准，根据上级管理部门的管理要求，确定相应的养护技术等级标准。

（三）计价参数的选择。

依据《费用指标参照表》（附件一），选用相应的各大元素单价指标，作为计算依据。

（四）测算工程各大元素面积比例的计算。

其中包括：

总面积、纯绿地面积、道路广场面积、水面积、建筑小品（占地）面积（本实例计算设定实际占地面积和建筑面积相同），其中总面积应等于后面四大元素面积之和。

（五）绿地养护年度估算费用的计算。

绿地养护年度估算费用 = 各元素单价指标 × 各元素面积累计之和。

（六）复查。

1. 当下级绿地申报年度总费用小于大元素估算费用时，可予以认可申报费用时，可免于复查，减少后续工作量。

2. 当下级绿地申报年度总费用大于大元素估算费用时，建议依据各大元素中严重偏差的指标部分，依据概算定额要求，作重点核查分析，给予合理的费用调整。

五、各类绿地养护概算费用计算实例

（一）选用条件。

1. 人工单价：100 元/工日。

2. 养护等级：二级。

3. 设定绿化总面积：10000m^2。

4. 各元素单价指标的选用：

依据《指标费用参照表》（附件一），

（1）纯绿地单价指标 2355 元/100m^2；

（2）道路广场单价指标 829 元/100m^2；

（3）水面积单价指标 348 元/100m^2；

（4）建筑小品单价指标 4150 元/100m^2；

（5）其他维护单价指标 480 元/100m^2；

（6）综合单价指标 2348 元/100m^2。

（二）各测算不同元素比例的工程如表 5－1。

表 5－1　测算不同元素比例的工程清单

工程序号	工程特点	单位	纯绿地	园路广场	水面积	建筑小品	其他	适用范围
A	一般性绿地	%	60	12	23	5	100	公园绿地
B	以绿地为主	%	89	7	—	4	100	街道绿地
C	以园路广场为主	%	40	45	12	3	100	广场绿地
D	以水面积为主	%	8	5	85	2	100	水上公园
E	以建筑小品为主	%	35	10	—	55	100	展览性公共绿地

（三）采用大元素单价指标法，计算各工程费用的实例。

1. A 工程——一般性绿地。

（1）养护估算指标费用

$=(2355\times0.6+829\times0.12+348\times0.23+4150\times0.05+480\times1.0)$元/100$m^2$

$=(1413+98+80+208+480)$元/100m^2

$=2279$ 元/100m^2

$=22.79$ 万元/万 m^2

（2）综合单价指标费用。

2348 元/100m^2 $=23.48$ 万元/万 m^2

（3）养护估算指标和综合单价指标比较。

$[(22.79\div23.48)-1]\times100\%=-2.94\%$

（4）结论。

指标元素比例和测算工程比例相近，经测算比综合估算指标下浮 2.94%，控制在 ±10% 以内，综合指标可用。该工程养护估算总费用宜核定为 22.79 万元。

2. B 工程——以纯绿地为主的绿地。

（1）养护估算指标费用。

$=(2355\times0.89+829\times0.07+348\times0+4150\times0.04+480\times1.0)$元/100$m^2$

$=(2096+58+0+166+480)$元/100m^2

$=2800$ 元/100m^2

$=28.00$ 万元/万 m^2

（2）综合单价指标费用。

2348 元/100m^2 $=23.48$ 万元/万 m^2

(3)养护估算指标和综合单价指标比较。

$[(28.00 \div 23.48) - 1] \times 100\% = +19.25\%$

(4)结论。

工程纯绿地元素占89%,经测算比综合估算指标增加19.25%,超控制幅度±10%以上,不宜采用元素法匡算养护概算费用。该工程养护估算总费用应依据概算定额予以调整。

3. C工程——以园路广场为主的绿地。

(1)养护估算指标费用。

$=(2355 \times 0.4 + 829 \times 0.45 + 348 \times 0.12 + 4150 \times 0.03 + 480 \times 1.0)$ 元/100m²

$=(942 + 373 + 42 + 125 + 480)$ 元/100m²

$=1962$ 元/100m²

$=19.62$ 万元/万 m²

(2)综合单价指标费用。

2348 元/100m² = 23.48 万元/万 m²

(3)养护估算指标和综合单价指标比较。

$[(19.62 \div 23.48) - 1] \times 100\% = -16.44\%$

(4)结论。

以园路为主的广场绿地,经测算比综合估算指标下浮16.44%,超控制幅度±10%以上,不宜采用综合估算指标匡算养护概算费用。该工程养护估算总费用应依据元素指标予以调整。

4. D工程——以水面积为主的绿地。

(1)养护估算指标费用。

$=(2355 \times 0.08 + 829 \times 0.05 + 348 \times 0.85 + 4150 \times 0.02 + 480 \times 1.0)$ 元/100m²

$=(188 + 41 + 296 + 83 + 480)$ 元/100m²

$=1088$ 元/100m²

$=10.88$ 万元/万 m²

(2)综合单价指标费用。

2348 元/100m² = 23.48 万元/万 m²

(3)养护估算指标和综合单价指标比较。

$[(10.88 \div 23.48) - 1] \times 100\% = -53.66\%$

(4)结论。

一般以水上公园为主,带少量绿地。经测算比综合估算指标下浮53.66%以上,不适用于以综合估算指标匡算养护概算费用。该工程养护估算总费用应依据元素指标予以调整。

5. E工程——以建筑小品为主的绿地。

(1)养护估算指标费用。

$=(2355 \times 0.35 + 829 \times 0.10 + 348 \times 0 + 4150 \times 0.55 + 480 \times 1.0)$ 元/100m²

$=(824 + 83 + 0 + 2283 + 480)$ 元/100m²

$=3670$ 元/100m²

$=36.70$ 万元/万 m²

(2)综合单价指标费用。

2348 元/100m² = 23.48 万元/万 m²

(3)养护估算指标和综合单价指标比较。

$[(36.70 \div 23.48) - 1] \times 100\% = +56.30\%$

(4)结论。

类似于展览中心形式的主题公园,其绿地养护费用的匡算,经测算比综合估算指标费用增加将近56.30%的费用。该工程养护估算总费用依据概算定额应予以调整。

6. 各类绿地养护估算费用见表5－2。

表5－2　各类绿地养护估算费用(元素指标法)数据汇总

工程序号	工程特点	综合单价费用(万元)	测算费用(万元)	增减(%)	处理办法
A	一般性绿地	23.48	22.79	－2.94	确认22.79万元
B	以绿地为主	23.48	28.00	＋19.25	依据定额调整
C	以园路广场为主	23.48	19.62	－16.44	元素指标调整
D	以水面积为主	23.48	10.88	－53.66	元素指标调整
E	以建筑小品为主	23.48	36.70	＋56.30	依据定额调整

7. 计算实例分析。

相同绿地面积，由于其所占的五大元素比例不同，其定额养护费用相差甚远。

以一般绿地23元/m^2养护费用为基准，以建筑展示厅为主的绿地费用需36元/m^2，超出定额基准费用的50%以上，而以水面积为主的绿地费用需10元/m^2左右，低于定额基准费用的50%以下。

由此说明，仅以一个简单的综合估算指标覆盖所有绿地概算费用的计算，这种方法是不可行的。

六、园林绿地养护估算指标项目的组成

指采用一个人工单价，需测算相应的若干个估算指标和元素价格。

从“附件六”可以看出，每一个人工单价依据定额要求需测出26个指标费用，其中12个指标可通过典型工程的测算资料汇总分析处理后得到，其他14个指标可依据造价管理部门发布的工、料、机价格信息由计算机软件操作自动生成。

估算指标的测算是为估算指标的运用做好基础数据的准备工作。

七、绿化养护估算指标正确率分析

通过计算实例说明，绿化养护概算费用的多少和绿地中各大元素所占的比例大小，有很大的关系。

(一)采用综合估算指标计算绿地养护匡算费用。仅适用于各大元素比例较接近的绿地，并不适用所有的绿地养护概算费用的匡算。所以仅能作为一个参数指标，应根据实际情况灵活运用。

(二)采用各大元素单价指标计算绿地养护估算费用，考虑了因绿地各大元素比例不同影响费用的因素，其正确率相对于综合估算指标计算方法，更接近于实际情况。

八、估算指标的优缺点

(一)优点：综合性强，操作方便。代表当地平均社会生产力水平，具有指导性。

(二)缺点：相对概算定额费用正确率较差，对大元素比例异常的绿地，不具有代表性。

九、估算指标的发布

必须由当地政府工程造价管理机构(单位)进行专业测算，并报上一级建设主管部门批准后，向社会公开颁布、执行。

估算指标由政府颁布，作为当地控制性指标，不得作为普遍性绿地养护概算费用拨款依据。仅作为判断绿化养护概算费用是否正确的主要参数。为了节约社会资源，减轻工作强度，拟建议在具体执行中掌握以下尺度(供参考)。

以当地的综合估算指标为基础：

1. 实际养护费用在正负5%以内的予以认可。

2. 实际养护费用在正负10%以内的，用大元素方法进行调整。

3. 实际费用超出指标费用正负10%以上，应和各大元素费用指标比较大小，找出原因，并根据概算定额，对超标部分工程内容，重点复核绿地实际存量后，重新调整其养护概算费用。

附件一

估算指标　综合单价/元素单价　指标费用参照表(2016 年)

序号	人工单价	元/工日	比例	60			70			80			90			100		
	养护等级	级	%	三级	二级	一级	三级	二级	一级	三级	二级	一级	三级	二级	一级	三级	二级	一级
一	综合单价指标	元/百 m^2	100	1219	1676	2122	1341	1844	2335	1463	2012	2548	1585	2180	2761	1707	2348	2973
二	元素单价指标																	
（一）	纯绿地指标	元/百 m^2	65	1109	1681	2236	1221	1850	2461	1332	2018	2684	1443	2187	2909	1554	2355	3132
（二）	道路广场指标	元/百 m^2	13	592			651			710			770			829		
（三）	水面积指标	元/百 m^2	18	248			273			298			323			348		
（四）	建筑小品指标	元/百 m^2	4	2963			3260			3557			3853			4150		
（五）	其他维护指标	元/百 m^2	100	257	342	428	283	377	471	309	412	515	335	446	558	360	480	600

续表

序号	人工单价	元/工日	比例	110			120			130			140			150		
	养护等级	级	%	三级	二级	一级	三级	二级	一级	三级	二级	一级	三级	二级	一级	三级	二级	一级
一	综合单价指标	元/百 m^2	100	1829	2516	3186	1952	2684	3398	2073	2852	3611	2196	3020	3824	2319	3189	4038
二	元素单价指标																	
（一）	纯绿地指标	元/百 m^2	65	1666	2524	3357	1777	2692	3580	1888	2861	3805	1999	3029	4029	2111	3198	4253
（二）	道路广场指标	元/百 m^2	13	888			948			1007			1066			1126		
（三）	水面积指标	元/百 m^2	18	373			398			423			448			473		
（四）	建筑小品指标	元/百 m^2	4	4447			4744			5041			5339			5636		
（五）	其他维护指标	元/百 m^2	100	386	515	644	412	549	686	437	583	729	463	617	771	491	654	818

续表

序号	人工单价	元/工日	比例	160			170			180			190			200		
	养护等级	级	%	三级	二级	一级	三级	二级	一级	三级	二级	一级	三级	二级	一级	三级	二级	一级
一	综合单价指标	元/百 m^2	100	2440	3357	4253	2563	3525	4464	2685	3692	4675	2807	3860	4889	2929	4028	5100
二	元素单价指标																	
（一）	纯绿地指标	元/百 m^2	65	2222	3367	4481	2333	3535	4702	2444	3703	4925	2556	3872	5150	2666	4040	5373
（二）	道路广场指标	元/百 m^2	13		1185			1244			1304			1363			1422	
（三）	水面积指标	元/百 m^2	18		498			522			547			572			597	
（四）	建筑小品指标	元/百 m^2	4		5933			6230			6525			6823			7119	
（五）	其他维护指标	元/百 m^2	100	515	687	859	542	722	903	567	756	945	593	790	988	619	825	1031

附件二

定额测算人工、材料、机械单价取定表

序号	名称(规格)	单位	单价
一	人工		
1	综合人工	工日	80.00
2	综合人工	工日	100.00
3	综合人工	工日	120.00
二	材料		
1	成型钢筋	t	2931.62
2	扁钢	t	2905.98
3	等边角钢	t	2811.97
4	黄铜线(铜丝)	kg	42.39
5	草绳	kg	0.09
6	草袋	只	1.28
7	砂轮片	片	15.04
8	铁砂布	张	0.51
9	电焊条	kg	3.72
10	圆钉	kg	5.47
11	镀锌铁丝 22#	kg	6.32
12	风镐凿子	根	11.03
13	钢钎	kg	2.78
14	钨钢头	kg	3.87
15	水泥 42.5 级	kg	2.42
16	水泥 42.5 级 袋装	t	241.88
17	白水泥 80°	kg	0.69
18	黄砂 中粗	t	77.67
19	黄砂 中粗	kg	0.08
20	山砂	t	48.54
21	碎石 5~16	t	92.23
22	碎石 5~25	t	81.20

续表

序号	名称(规格)	单位	单价
23	生石灰	kg	0.24
24	油灰	kg	0.51
25	大白粉	kg	0.60
26	块石 100~400	t	71.14
27	蒸压灰砂砖	百块	37.61
28	蒸压灰砂砖 240×115×53	块	0.38
29	钢筋混凝土平板	m^3	555.56
30	成材	m^3	1645.30
31	垫木	m^3	1561.54
32	防腐硬木	m^3	3489.74
33	圆木	m^3	2441.03
34	毛竹	根	15.90
35	竹笆 1000×2000	m^2	10.26
36	面砖 75×150	m^2	1.31
37	地砖 300×300	m^2	3.85
38	马赛克	m^2	13.59
39	大理石饰面板 1000×1000 厚 20	m^2	282.05
40	光面花岗岩板	m^2	282.05
41	花岗岩板 430×230×160	m^2	452.14
42	花岗岩板 1380×300×400	m^3	641.88
43	湖石	t	401.71
44	塑钢平开窗	m^2	397.44
45	调和漆	kg	10.26
46	底漆	kg	6.84
47	清油	kg	12.82
48	803 涂料	kg	2.15

续表

序号	名称(规格)	单位	单价
49	乳胶漆	kg	22.22
50	防水乳胶漆	kg	10.26
51	油性防锈漆(红丹)	kg	11.97
52	沥青漆	kg	1.26
53	地板漆	kg	11.40
54	润油面腻子	kg	12.82
55	石膏粉 特制	kg	1.03
56	羧甲基纤维素(化学浆糊)	kg	2.29
57	防水粉	kg	3.21
58	熟桐油	kg	11.97
59	汽油	kg	7.43
60	重质柴油	kg	7.40
61	煤油	kg	6.89
62	松香水	kg	4.50
63	香蕉水	kg	4.00
64	硬石蜡	kg	11.54
65	颜料 色粉	kg	0.73
66	草酸	kg	6.84
67	电石	kg	1.79
68	氧气	m^3	2.14
69	107 建筑胶水	kg	1.28
70	煤胶	kg	12.39
71	焊接钢管	kg	3.12
72	塑料排水管(PVC)	m	3.85
73	橡胶管	m	12.82
74	黄道砖 150×80×12	百块	55.98
75	方砖 400×400	百块	3212.82

续表

序号	名称(规格)	单位	单价
76	滴水瓦 200×200	百张	109.40
77	花边瓦 180×180	百张	67.52
78	花边瓦 200×200	百张	72.65
79	蝴蝶瓦 160×160×11	百张	57.26
80	蝴蝶瓦 200×200×13	百张	64.10
81	蝴蝶瓦 160×160×11	百张	57.26
82	中瓦 200×180	张	0.32
83	环卫手推小车	辆	2393.16
84	捡垃圾夹子	把	12.82
85	有机肥料	kg	0.34
86	肥料	kg	1.47
87	除草剂	瓶	21.37
88	杀虫药水	kg	14.10
89	防控药水	kg	15.81
90	伤口涂补剂	瓶	17.09
91	药剂	kg	0.15
92	铁件	kg	6.39
93	香皂	块	2.99
94	抹布	条	3.42
95	拖把	把	10.26
96	地板刷	把	4.27
97	长柄刷	把	5.98
98	畚箕	只	9.40
99	大扫帚	把	4.27
100	小扫帚	把	7.26
101	铁锹	把	22.22
102	塑料水桶	只	12.82

续表

序号	名称(规格)	单位	单价
103	废纸篓	只	6.84
104	垃圾袋	只	0.26
105	洁厕精	瓶	4.27
106	水	m^3	4.27
107	焦炭	kg	0.68
108	脚手架	m^2	2.61
109	广场砖	m^2	64.96
110	水泥砂浆 1:1	m^3	245.54
111	水泥砂浆 1:2	m^3	224.71
112	水泥砂浆 1:2.5	m^3	213.70
113	水泥砂浆 1:3	m^3	194.31
114	水泥砂浆 M5.0	m^3	142.48
115	水泥砂浆 M10	m^3	165.94
116	石灰砂浆 1:3	m^3	138.28
117	纸筋石灰砂浆	m^3	121.88
118	混合砂浆 M5.0	m^3	144.71
119	素水泥浆	m^3	359.97
120	现拌现浇混凝土 C15	m^3	221.32
121	现拌现浇混凝土 C20	m^3	215.51
122	现拌现浇混凝土 C25	m^3	211.57
123	现拌现浇细石混凝土 C20	m^3	217.80
124	细粒式沥青混凝土 AC-13	t	353.56
125	粗粒式沥青混凝土 AC-30	t	305.20
三	机械		
1	挤压式灰浆搅拌机 400L	台班	156.16
2	混凝土振捣器 插入式	台班	9.62
3	混凝土振捣器 平板式	台班	10.62

续表

序号	名称(规格)	单位	单价
4	载重汽车 2t	台班	284.39
5	载重汽车 4t	台班	394.27
6	载重汽车 8t	台班	510.21
7	机动翻斗车 1t	台班	203.90
8	汽车式起重机 5t	台班	474.53
9	汽车式起重机 16t	台班	1056.81
10	电动卷扬机 单快 10kN	台班	192.64
11	内燃光轮压路机 轻型	台班	229.26
12	内燃光轮压路机 重型	台班	271.19
13	木工平刨床 450mm	台班	38.58
14	洒水车 4000L	台班	481.51
15	风镐	台班	9.10
16	内燃空气压缩机 $6m^3/min$	台班	327.73
17	地被植物	m^2	7.76
18	登高车 2t	台班	616.25
19	割草机	台班	30.84
20	林木粉碎机	台班	129.18
21	药剂车 4000L	台班	481.51
22	油锯	台班	54.60

附件三

定额测算　定额测算工程费率取定表

序号	项目		计算式	备注
一	直接费	工、料、机费	按概算定额子目规定计算	包括说明
二		其中:人工费		
三		零星工程费	(一)×费率	3.0%
四	企业管理费和利润		(二)×费率	48.0%
五	安全防护、文明施工措施费		[(一)+(三)+(四)]×费率	1.5%
六	施工措施费		[(一)+(三)+(四)]×费率(或拟建工程计取)	1.75%
七	小计		(一)+(三)+(四)+(五)+(六)	
八	规费	工程排污费	(六)×费率	0.1%
		社会保险费	(二)×费率	8.4%
九		住房公积金	(二)×费率	1.59%
十	税金		[(七)+(八)+(九)]×税率	3.48%
十一	费用合计		(七)+(八)+(九)+(十)	

附件四

绿地养护工程概算书(编制实例)

目　录

绿地养护工程
概　算　书

工程名称：×××公园养护

维护等级：一级

维护地点：××××××

绿地维护概算费用总额：1241280

（大写）壹佰贰拾肆万壹仟贰佰捌拾元整

费用使用时间：××××年××月××日

编制单位（章）：××××××

编制人：×××　　复核人：×××

编制时间：××××年××月××日

项目基本信息

一、基本情况

序号	名　称	描　述	备　注
1	项目名称	×××公园养护	
2	养护等级	一级	
3	养护地址	××××××	
4	养护单位名称	××××××	
5	养护单位联系人及联系电话	×××	×××××××××××

二、绿地养护五大元素指标

序号	名称	面积(m^2)	面积(百分比)	费用(元)	平方指标(元/m^2)
1	纯绿地养护	16276	31.92%	380914.94	23.4035
2	园路广场	29575	58%	247127.79	8.3560
3	水面积	1667.3	3.27%	4962.47	2.9764
4	建筑小品	3475	6.81%	155446.87	44.7329
5	其他	50993.3	100%	452827.86	8.8801
6	总造价	50993.3	100%	1241279.96	24.342

概算费用编制说明

一、工程概况

1. 绿地名称：×××公园

2. 上级管理单位：×××区绿化管理局

3. 绿地总面积：50993.3平方米，其中：绿化面积16276平方米、园路广场面积29575平方米、水面面积1667.3平方米、建筑小品面积3475平方米。

4. 绿地养护等级：一级

5. 费用性质：概算费用

6. 养护期限：××××年××月××日至××××年××月××日

7. 绿地建成年份：××××年××月××日

8. 其他说明

二、编制依据

1. 定额依据：《全国园林绿化养护概算定额》及相配套的费率。

2. 价格信息：××市定额管理总站所属网站发布的政府指导价。

3. 实物存量依据：绿地现场勘查数据汇总表（表一）。

三、工程量统计

1. 植物元素部分按本年现场实际勘查清单汇总数量。

2. 非植物元素部分依据定额规定的项目名称、规格、计量单位，实际测量、统计、汇总后计算。

3. 按投资总额计算的维修量，依据公园竣工资料工程量数据。

四、主要人工、材料、机械单价的取定

1. 人工单价

综合人工：100.00元

2. 主要材料、机械单价见人材机汇总表。

3. 没有临时性补充人工、材料、机械单价。

五、费率选用

按当地造价行业管理部门发布的取费标准取定。

六、其他说明

七、工程量统计见本概算资料附件

1. 苗木勘查汇总表。

2. 非植物元素勘查汇总表。

单位工程费汇总表

项目名称:×××公园养护

序号	项目名称	计算基础	费率(%)	费用金额(元)
1	工、料、机费	ZJF	0	790342.51
2	其中:人工费	RGF	0	600404.47
3	零星工程费	(一)	3	23710.28
4	企业管理费和利润	(二)	48	288194.15
5	安全防护、文明施工措施费	[(一)+(三)+(四)]	1.5	16533.70
6	施工措施费	[(一)+(三)+(四)]	1.75	19289.32
7	小计	(一)+(三)+(四)+(五)+(六)	0	1138069.96
8	工程排污费	(七)	0.1	1138.07
9	社会保险费	(二)	8.4	50433.98
10	住房公积金	(二)	1.59	9546.43
11	河道管理费	(七)+(八)+(九)+(十)	0.03	359.76
12	税金	(七)+(八)+(九)+(十)	3.48	41731.76
13	合计	(七)+(八)+(九)+(十)+(十一)+(十二)	0	1241279.96

工程概算书

项目名称：×××公园养护

序号	定额编号	项目名称	计量单位	工程量	单价	合计
1		一、纯绿地养护				
2	1-1-1	乔木(常绿) 胸径在 cm 以内 10	10 株	9.8000	409.83	4016.34
3		女贞 胸径≤10cm	10 株	3.5000		
4		香樟 胸径≤5cm	10 株	1.0000		
5		香樟 胸径≤10cm	10 株	2.5000		
6		棕榈 胸径≤10cm	10 株	2.8000		
7	1-1-6	乔木(落叶)胸径在 cm 以内 10	10 株	6.9000	620.34	4280.36
8		榉树 胸径≤10cm	10 株	0.3000		
9		无患子 胸径≤10cm	10 株	2.0000		
10		合欢 胸径≤10cm	10 株	1.1000		
11		水杉 胸径≤10cm	10 株	3.4000		
12		枫杨≤10cm	10 株	0.1000		
13	1-1-2	乔木(常绿) 胸径在 cm 以内 20	10 株	11.8000	780.82	9213.68
14		广玉兰 胸径 20cm	10 株	0.5000		
15		木荷 胸径≤20cm	10 株	7.0000		
16		女贞 胸径≤20cm	10 株	3.4000		
17		黄樟 胸径≤20cm	10 株	0.9000		
18	1-1-7	乔木(落叶) 胸径在 cm 以内 20	10 株	13.1000	853.41	11179.69
19		榉树 胸径≤20cm	10 株	0.1000		
20		朴树 胸径≤20cm	10 株	0.1000		
21		无患子 胸径≤20cm	10 株	2.2000		
22		乌桕 胸径≤20cm	10 株	0.1000		
23		白玉兰 胸径≤20cm	10 株	0.4000		
24		水杉 胸径≤20cm	10 株	9.2000		
25		泡桐 胸径≤20cm	10 株	0.1000		

续表

序号	定额编号	项目名称	计量单位	工程量	单价	合计
26		栾树 胸径≤20cm	10株	0.8000		
27		鹅掌楸 胸径≤20cm	10株	0.1000		
28	1-1-3	乔木(常绿) 胸径在cm以内30	10株	11.1000	1230.35	13656.92
29		广玉兰 胸径≤30cm	10株	1.9000		
30		香樟 胸径≤30cm	10株	7.8000		
31		冬青 胸径≤30cm	10株	1.4000		
32	1-1-8	乔木(落叶) 胸径在cm以内30	10株	6.3000	1342.93	8460.48
33		栾树 胸径≤30cm	10株	0.4000		
34		垂柳 胸径≤30cm	10株	1.9000		
35		水杉 胸径≤30cm	10株	1.4000		
36		泡桐 胸径≤30cm	10株	0.6000		
37		银杏 胸径≤30cm	10株	0.2000		
38		朴树 胸径≤30cm	10株	1.1000		
39		枫杨 胸径≤30cm	10株	0.4000		
40		合欢 胸径≤30cm	10株	0.2000		
41		鹅掌楸 胸径≤30cm	10株	0.1000		
42	1-1-4	乔木(常绿) 胸径在cm以内40	10株	5.5000	1711.84	9415.10
43		雪松 胸径≤40cm	10株	0.1000		
44		香樟 胸径≤40cm	10株	4.9000		
45		广玉兰 胸径≤40cm	10株	0.5000		
46	1-1-9	乔木(落叶) 胸径在cm以内40	10株	3.0000	1851.18	5553.53
47		悬铃木 胸径≤40cm	10株	1.2000		
48		垂柳 胸径≤40cm	10株	0.6000		
49		榆树 胸径≤40cm	10株	0.4000		
50		楸树 胸径≤40cm	10株	0.1000		

续表

序号	定额编号	项目名称	计量单位	工程量	单价	合计
51		泡桐 胸径≤40cm	10 株	0.1000		
52		栾树 胸径≤40cm	10 株	0.4000		
53		苦楝 胸径≤40cm	10 株	0.2000		
54	1-1-5	乔木(常绿) 胸径在 cm 以上 40	10 株	1.0000	2226.46	2226.46
55		香樟 胸径>40cm	10 株	0.6000		
56		加纳利海枣 胸径>40cm	10 株	0.3000		
57		雪松 胸径>40cm	10 株	0.1000		
58	1-1-10	乔木(落叶) 胸径在 cm 以上 40	10 株	0.7000	2431.81	1702.28
59		榉树 胸径>40cm	10 株	0.1000		
60		泡桐 胸径>40cm	10 株	0.1000		
61		悬铃木 胸径>40cm	10 株	0.4000		
62		栎树 胸径>40cm	10 株	0.1000		
63	1-2-1	灌木(常绿)灌丛高度在 cm 以内 100	10 株	3.5000	71.58	250.54
64		厚皮香 高度≤100cm	10 株	0.1000		
65		含笑 高度≤100cm	10 株	0.3000		
66		南天竹 高度≤100cm	10 株	0.3000		
67		山茶 高度≤100cm	10 株	0.2000		
68		美人蕉 高度≤100cm	10 株	2.6000		
69	1-2-5	灌木(落叶)灌丛高度在 cm 以内 100	10 株	0.1000	138.01	13.80
70		紫荆 高度≤100cm	10 株	0.1000		
71	1-2-2	灌木(常绿)灌丛高度在 cm 以内 200	10 株	12.5000	172.97	2162.19
72		蚊母 高度≤200cm	10 株	9.4000		
73		山茶 高度≤200cm	10 株	2.5000		
74		石楠 高度≤200cm	10 株	0.4000		
75		含笑 高度≤200cm	10 株	0.2000		

续表

序号	定额编号	项目名称	计量单位	工程量	单价	合计
76	1-2-6	灌木(落叶)灌丛高度在 cm 以内 200	10 株	7.3000	259.25	1892.50
77		樱桃 高度≤200cm	10 株	0.2000		
78		紫荆 高度≤200cm	10 株	0.3000		
79		石榴 高度≤200cm	10 株	0.4000		
80		木槿 高度≤200cm	10 株	6.4000		
81	1-2-3	灌木(常绿)灌丛高度在 cm 以内 300	10 株	16.0000	322.82	5165.09
82		银桂 高度≤300cm	10 株	1.7000		
83		金桂 高度≤300cm	10 株	12.7000		
84		蚊母 高度≤300cm	10 株	0.6000		
85		珊瑚 高度≤300cm	10 株	1.0000		
86	1-2-7	灌木(落叶)灌丛高度在 cm 以内 300	10 株	11.6000	405.18	4700.13
87		垂丝海棠 高度≤300cm	10 株	0.8000		
88		紫荆 高度≤300cm	10 株	2.1000		
89		紫叶李 高度≤300cm	10 株	2.2000		
90		蜡梅 高度≤300cm	10 株	6.5000		
91	1-2-4	灌木(常绿)灌丛高度在 cm 以上 300	10 株	21.5000	494.18	10624.96
92		杨梅 高度>300cm	10 株	0.5000		
93		金桂 高度>300cm	10 株	1.0000		
94		桂花 高度>300cm	10 株	8.5000		
95		夹竹桃 高度>300cm	10 株	11.5000		
96	1-2-8	灌木(落叶)灌丛高度在 cm 以上 300	10 株	2.3000	587.68	1351.65
97		紫叶李 高度>300cm	10 株	2.3000		
98	1-8-2	花坛花镜 花镜	$10m^2$	5.0000	130.15	650.75
99		其他苗木		5.0000		
100	1-4-2	竹类 散生竹	$10m^2$	59.3600	92.66	5500.58

续表

序号	定额编号	项目名称	计量单位	工程量	单价	合计
101		刚竹 胸径 5.1－6.0	$10m^2$	0.6700		
102		刚竹 胸径 4.1－5.0	$10m^2$	36.3400		
103		刚竹 胸径 3.1－4.0	$10m^2$	22.3500		
104	1－5－1	造型植物 蓬径在 cm 以内 100	10 株	11.1000	157.94	1753.18
105		瓜子黄杨球 蓬径≤100cm	10 株	8.0000		
106		金叶女贞球 蓬径≤100cm	10 株	1.0000		
107		红叶石楠球 蓬径≤100cm	10 株	2.1000		
108	1－5－2	造型植物 蓬径在 cm 以内 200	10 株	2.9000	419.84	1217.56
109		海桐球 蓬径≤200cm	10 株	1.2000		
110		红叶石楠球 蓬径≤200cm	10 株	1.7000		
111	1－5－3	造型植物 蓬径在 cm 以上 200	10 株	3.4000	850.66	2892.25
112		构骨球 蓬径＞200cm	10 株	1.1000		
113		瓜子黄杨球 蓬径＞200cm	10 株	0.8000		
114		海桐球 蓬径＞200cm	10 株	1.5000		
115	1－3－1	绿篱(单排) 高度在 cm 以内 100	10m	0.8300	37.02	30.72
116		瓜子黄杨 高度≤100cm	10m	0.8300		
117	1－3－2	绿篱(单排) 高度在 cm 以内 200	10m	28.4940	51.59	1470.13
118		珊瑚 高度≤200cm	10m	28.4940		
119	1－3－3	绿篱(单排) 高度在 cm 以上 200	10m	8.9500	66.82	598.04
120		珊瑚 高度＞200cm	10m	8.9500		
121	1－7－1	地被植物 覆盖面积	$10m^2$	834.3000	120.06	100163.59
122		吉祥草	$10m^2$	138.6500		
123		石蒜	$10m^2$	15.0500		
124		络石 藤长 81－120	$10m^2$	16.4800		
125		麦冬	$10m^2$	509.8000		

续表

序号	定额编号	项目名称	计量单位	工程量	单价	合计
126		花叶蔓长春 藤长100以下每丛10支	$10m^2$	79.7300		
127		葱兰	$10m^2$	7.9300		
128		鸢尾	$10m^2$	66.6600		
129	1-9-1	草坪 暖季型(满铺)	$10m^2$	274.8600	87.10	23940.25
130		百慕大	$10m^2$	274.8600		
131	1-10-1	水生植物 塘植	10丛	3.5000	74.14	259.49
132		黄菖蒲 每丛10枝	10丛	3.5000		
133						
134		二、园路广场				
135	5-2-16	园路广场 整体式混凝土面层	$10m^2$	400.0000	33.82	13528.61
136	5-2-17	园路广场 沥青面层	$10m^2$	96.0000	40.71	3908.53
137	5-2-18	园路广场 块料面层	$10m^2$	2100.0000	65.90	138390.26
138	5-2-19	园路广场 花式园路	$10m^2$	361.5000	56.05	20262.24
139						
140		三、水面积				
141	7-1-4	湖泊保洁 单位面积$10000m^2$以上	$10000m^2$·每天一次	0.1667	11608.98	3518.58
142						
143		四、建筑小品				
144	5-1-1	普通建筑 办公用房	$10m^2$	49.5400	255.43	12653.92
145	5-1-2	普通建筑 辅助用房	$10m^2$	73.7000	237.54	17506.94
146	5-1-3	普通建筑 餐厅、展示用房	$10m^2$	131.5500	370.39	48725.21
147	5-1-4	普通建筑 售票房等其他建筑	$10m^2$	15.0100	277.76	4169.14
148	5-1-5	古典建筑 亭	$10m^2$	3.5500	519.93	1845.94
149	5-1-6	古典建筑 廊	$10m^2$	12.0100	444.93	5343.58
150	5-2-1	花架、廊 混凝土	$10m^2$	8.9600	52.46	470.05

续表

序号	定额编号	项目名称	计量单位	工程量	单价	合计
151	5-2-3	石假山	10t	4.4400	231.55	1101.38
152	5-2-9	零星石构件 花坛石	$10m^2$	8.2500	57.65	475.65
153	5-2-12	园桥 钢筋混凝土	$10m^2$	3.1400	22.79	71.55
154	5-2-20	围墙 砖砌	10m	49.0700	128.39	6300.33
155	5-2-21	围墙 钢结构	10m	13.4600	272.24	3664.64
156						
157		五、其他				
158	6-3-3	园椅、凳(木质)5年以内	10只	1.0000	1896.00	1896.00
159	6-3-5	垃圾桶(金属)5年以内	10只	1.0000	220.00	220.00
160	6-3-9	报廊、告示牌(金属)5年以内	$10m^2$	1.0000	65.00	65.00
161	6-3-13	植物铭牌、指示牌(金属)5年以内	10块	1.0000	940.00	940.00
162	6-1-2	配电房设备5年以上	元	1.0000	2475.00	2475.00
163	6-1-3	水闸、泵房设备5年以内	元	1.0000	9180.00	9180.00
164	6-1-5	车辆设备5年以内	元	1.0000	3885.00	3885.00
165	6-1-7	机具设备5年以内	元	1.0000	558.00	558.00
166	6-1-11	健身设备5年以内	元	1.0000	560.00	560.00
167	6-2-1	上水系统5年以内	元	1.0000	890.00	890.00
168	6-2-3	下水系统5年以内	元	1.0000	200.00	200.00
169	6-2-5	电力、照明系统5年以内	元	1.0000	3195.00	3195.00
170	6-2-7	广播、监控系统5年以内	元	1.0000	450.00	450.00
171	7-1-5	垃圾处理	t	65.0000	110.13	7158.65
172	7-1-7	广场、道路保洁每天清扫二次	$1000m^2$	29.5750	7091.02	209717.04
173	7-2-2	绿地治安巡视	$10000m^2$	1.6276	20075.00	32674.07
174						

定额项目基价分析表

项目名称：×××公园养护

定额编号				1-1-1					
项目				乔木(常绿)胸径在 cm 以内 10					
内容	序号	材料编码	材料名称	单位	数量	单价	小计	累计	单价合价
人工	1	101010	综合人工	工日	3.4780	100.00	347.80	347.80	409.83
材料	2	0214050	药剂	kg	0.5876	0.15	0.09	21.77	
	3	0214010	肥料	kg	5.8579	1.47	8.61		
	4	0213010	水	m^3	2.8194	4.27	12.04		
	5	X0045	其他材料	%	5		1.04		
机械	6	0301060	洒水车 4t	台班	0.0836	481.51	40.25	40.25	

定额编号				1-1-6					
项目				乔木(落叶)胸径在 cm 以内 10					
内容	序号	材料编码	材料名称	单位	数量	单价	小计	累计	单价合价
人工	1	101010	综合人工	工日	5.5363	100.00	553.63	553.63	620.34
材料	2	0214050	药剂	kg	0.6531	0.15	0.10	20.44	
	3	0214010	肥料	kg	7.3224	1.47	10.76		
	4	0213010	水	m^3	2.0148	4.27	8.60		
	5	X0045	其他材料	%	5		0.97		
机械	6	0301060	洒水车 4t	台班	0.0961	481.51	46.27	46.27	

续表

定额编号				1-1-2					
项目				乔木(常绿)胸径在 cm 以内 20					
内容	序号	材料编码	材料名称	单位	数量	单价	小计	累计	单价合价
人工	1	101010	综合人工	工日	6.9982	100.00	699.82	699.82	780.82
材料	2	0214050	药剂	kg	0.6531	0.15	0.10	36.36	
	3	0214010	肥料	kg	6.5088	1.47	9.57		
	4	0213010	水	m^3	5.8466	4.27	24.96		
	5	X0045	其他材料	%	5		1.73		
机械	6	0301060	洒水车 4t	台班	0.0927	481.51	44.64	44.64	

定额编号				1-1-7					
项目				乔木(落叶)胸径在 cm 以内 20					
内容	序号	材料编码	材料名称	单位	数量	单价	小计	累计	单价合价
人工	1	101010	综合人工	工日	7.6985	100.00	769.85	769.85	853.41
材料	2	0214050	药剂	kg	0.7243	0.15	0.11	31.32	
	3	0214010	肥料	kg	8.0569	1.47	11.84		
	4	0213010	水	m^3	4.1855	4.27	17.87		
	5	X0045	其他材料	%	5		1.49		
机械	6	0301060	洒水车 4t	台班	0.1085	481.51	52.24	52.24	

续表

<table>
<tr><td colspan="4">定额编号</td><td colspan="6">1－1－3</td></tr>
<tr><td colspan="4">项目</td><td colspan="6">乔木(落叶)胸径在cm以内30</td></tr>
<tr><td>内容</td><td>序号</td><td>材料编码</td><td>材料名称</td><td>单位</td><td>数量</td><td>单价</td><td>小计</td><td>累计</td><td>单价合价</td></tr>
<tr><td>人工</td><td>1</td><td>101010</td><td>综合人工</td><td>工日</td><td>11.3012</td><td>100.00</td><td>1130.12</td><td>1130.12</td><td rowspan="7">1230.35</td></tr>
<tr><td rowspan="4">材料</td><td>2</td><td>0214050</td><td>药剂</td><td>kg</td><td>0.7243</td><td>0.15</td><td>0.11</td><td rowspan="4">50.73</td></tr>
<tr><td>3</td><td>0214010</td><td>肥料</td><td>kg</td><td>7.2320</td><td>1.47</td><td>10.63</td></tr>
<tr><td>4</td><td>0213010</td><td>水</td><td>m³</td><td>8.8004</td><td>4.27</td><td>37.58</td></tr>
<tr><td>5</td><td>X0045</td><td>其他材料</td><td>%</td><td>5</td><td></td><td>2.42</td></tr>
<tr><td>机械</td><td>6</td><td>0301060</td><td>洒水车4t</td><td>台班</td><td>0.1028</td><td>481.51</td><td>49.50</td><td>49.50</td></tr>
<tr><td></td><td></td><td></td><td></td><td></td><td></td><td></td><td></td><td></td></tr>
</table>

<table>
<tr><td colspan="4">定额编号</td><td colspan="6">1－1－8</td></tr>
<tr><td colspan="4">项目</td><td colspan="6">乔木(落叶)胸径在cm以内30</td></tr>
<tr><td>内容</td><td>序号</td><td>材料编码</td><td>材料名称</td><td>单位</td><td>数量</td><td>单价</td><td>小计</td><td>累计</td><td>单价合价</td></tr>
<tr><td>人工</td><td>1</td><td>101010</td><td>综合人工</td><td>工日</td><td>12.4318</td><td>100.00</td><td>1243.18</td><td>1243.18</td><td rowspan="7">1342.93</td></tr>
<tr><td rowspan="4">材料</td><td>2</td><td>0214050</td><td>药剂</td><td>kg</td><td>0.8057</td><td>0.15</td><td>0.12</td><td rowspan="4">42.60</td></tr>
<tr><td>3</td><td>0214010</td><td>肥料</td><td>kg</td><td>9.0400</td><td>1.47</td><td>13.29</td></tr>
<tr><td>4</td><td>0213010</td><td>水</td><td>m³</td><td>6.3608</td><td>4.27</td><td>27.16</td></tr>
<tr><td>5</td><td>X0045</td><td>其他材料</td><td>%</td><td>5</td><td></td><td>2.03</td></tr>
<tr><td>机械</td><td>6</td><td>0301060</td><td>洒水车4t</td><td>台班</td><td>0.1187</td><td>481.51</td><td>57.16</td><td>57.16</td></tr>
<tr><td></td><td></td><td></td><td></td><td></td><td></td><td></td><td></td><td></td></tr>
</table>

续表

定额编号				1－1－4					
项目				乔木(常绿)胸径在 cm 以内 40					
内容	序号	材料编码	材料名称	单位	数量	单价	小计	累计	单价合价
人工	1	101010	综合人工	工日	15.9232	100.00	1592.32	1592.32	1711.84
材料	2	0214050	药剂	kg	0.7978	0.15	0.12	65.10	
	3	0214010	肥料	kg	7.9552	1.47	11.69		
	4	0213010	水	m^3	11.7543	4.27	50.19		
	5	X0045	其他材料	%	5		3.10		
机械	6	0301060	洒水车 4t	台班	0.1130	481.51	54.41	54.41	

定额编号				1－1－9					
项目				乔木(落叶)胸径在 cm 以内 40					
内容	序号	材料编码	材料名称	单位	数量	单价	小计	累计	单价合价
人工	1	101010	综合人工	工日	17.3323	100.00	1733.23	1733.23	1851.18
材料	2	0214050	药剂	kg	0.8859	0.15	0.13	54.29	
	3	0214010	肥料	kg	9.9440	1.47	14.62		
	4	0213010	水	m^3	8.6547	4.27	36.96		
	5	X0045	其他材料	%	5		2.59		
机械	6	0301060	洒水车 4t	台班	0.1322	481.51	63.66	63.66	

续表

定额编号				1-1-5					
项目				乔木(常绿)胸径在cm以上40					
内容	序号	材料编码	材料名称	单位	数量	单价	小计	累计	单价合价
人工	1	101010	综合人工	工日	20.8650	100.00	2086.50	2086.50	2226.46
材料	2	0214050	药剂	kg	0.8769	0.15	0.13	79.58	
	3	0214010	肥料	kg	8.7507	1.47	12.86		
	4	0213010	水	m^3	14.7058	4.27	62.79		
	5	X0045	其他材料	%	5		3.79		
机械	6	0301060	洒水车4t	台班	0.1254	481.51	60.38	60.38	

定额编号				1-1-10					
项目				乔木(落叶)胸径在cm以上40					
内容	序号	材料编码	材料名称	单位	数量	单价	小计	累计	单价合价
人工	1	101010	综合人工	工日	22.9512	100.00	2295.12	2295.12	2431.81
材料	2	0214050	药剂	kg	0.9752	0.15	0.15	66.49	
	3	0214010	肥料	kg	10.9384	1.47	16.08		
	4	0213010	水	m^3	11.0299	4.27	47.10		
	5	X0045	其他材料	%	5		3.17		
机械	6	0301060	洒水车4t	台班	0.1458	481.51	70.20	70.20	

续表

定额编号				1－2－1					
项目				灌木(常绿)灌丛高度在 cm 以内 100					
内容	序号	材料编码	材料名称	单位	数量	单价	小计	累计	单价合价
人工	1	101010	综合人工	工日	0.3696	100.00	36.96	36.96	71.58
材料	2	0214050	药剂	kg	0.4638	0.15	0.07	6.74	
	3	0214010	肥料	kg	3.2544	1.47	4.78		
	4	0213010	水	m^3	0.3661	4.27	1.56		
	5	X0045	其他材料	%	5.000		0.32		
机械	6	0301060	洒水车 4t	台班	0.0579	481.51	27.88	27.88	

定额编号				1－2－5					
项目				灌木(落叶)灌丛高度在 cm 以内 100					
内容	序号	材料编码	材料名称	单位	数量	单价	小计	累计	单价合价
人工	1	101010	综合人工	工日	0.9390	100.00	93.90	93.90	138.01
材料	2	0214050	药剂	kg	0.5225	0.15	0.08	8.43	
	3	0214010	肥料	kg	4.5562	1.47	6.70		
	4	0213010	水	m^3	0.2929	4.27	1.25		
	5	X0045	其他材料	%	5		0.40		
机械	6	0301060	洒水车 4t	台班	0.0741	481.51	35.68	35.68	

续表

定额编号				1-2-2					
项目				灌木(常绿)灌丛高度在cm以内200					
内容	序号	材料编码	材料名称	单位	数量	单价	小计	累计	单价合价
人工	1	101010	综合人工	工日	1.3009	100.00	130.09	130.09	172.97
材料	2	0214050	药剂	kg	0.5668	0.15	0.09	8.94	
	3	0214010	肥料	kg	3.9776	1.47	5.85		
	4	0213010	水	m^3	0.6039	4.27	2.58		
	5	X0045	其他材料	%	5		0.43		
机械	6	0301060	洒水车4t	台班	0.0705	481.51	33.95	33.95	

定额编号				1-2-6					
项目				灌木(落叶)灌丛高度在cm以内200					
内容	序号	材料编码	材料名称	单位	数量	单价	小计	累计	单价合价
人工	1	101010	综合人工	工日	2.0486	100.00	204.86	204.86	259.25
材料	2	0214050	药剂	kg	0.6373	0.15	0.10	10.86	
	3	0214010	肥料	kg	5.5686	1.47	8.19		
	4	0213010	水	m^3	0.4827	4.27	2.06		
	5	X0045	其他材料	%	5		0.52		
机械	6	0301060	洒水车4t	台班	0.0904	481.51	43.53	43.53	

续表

<table>
<tr><td colspan="4">定额编号</td><td colspan="6">1－2－3</td></tr>
<tr><td colspan="4">项目</td><td colspan="6">灌木（常绿）灌丛高度在 cm 以内 300</td></tr>
<tr><td>内容</td><td>序号</td><td>材料编码</td><td>材料名称</td><td>单位</td><td>数量</td><td>单价</td><td>小计</td><td>累计</td><td>单价合价</td></tr>
<tr><td>人工</td><td>1</td><td>101010</td><td>综合人工</td><td>工日</td><td>2.7034</td><td>100.00</td><td>270.34</td><td>270.34</td><td rowspan="6">322.82</td></tr>
<tr><td rowspan="4">材料</td><td>2</td><td>0214050</td><td>药剂</td><td>kg</td><td>0.6861</td><td>0.15</td><td>0.10</td><td rowspan="4">11.55</td></tr>
<tr><td>3</td><td>0214010</td><td>肥料</td><td>kg</td><td>4.8129</td><td>1.47</td><td>7.07</td></tr>
<tr><td>4</td><td>0213010</td><td>水</td><td>m^3</td><td>0.8950</td><td>4.27</td><td>3.82</td></tr>
<tr><td>5</td><td>X0045</td><td>其他材料</td><td>%</td><td>5</td><td></td><td>0.55</td></tr>
<tr><td>机械</td><td>6</td><td>0301060</td><td>洒水车 4t</td><td>台班</td><td>0.0850</td><td>481.51</td><td>40.93</td><td>40.93</td></tr>
<tr><td></td><td></td><td></td><td></td><td></td><td></td><td></td><td></td><td></td><td></td></tr>
</table>

<table>
<tr><td colspan="4">定额编号</td><td colspan="6">1－2－7</td></tr>
<tr><td colspan="4">项目</td><td colspan="6">灌木（落叶）灌丛高度在 cm 以内 300</td></tr>
<tr><td>内容</td><td>序号</td><td>材料编码</td><td>材料名称</td><td>单位</td><td>数量</td><td>单价</td><td>小计</td><td>累计</td><td>单价合价</td></tr>
<tr><td>人工</td><td>1</td><td>101010</td><td>综合人工</td><td>工日</td><td>3.3834</td><td>100.00</td><td>338.34</td><td>338.34</td><td rowspan="6">405.18</td></tr>
<tr><td rowspan="4">材料</td><td>2</td><td>0214050</td><td>药剂</td><td>kg</td><td>0.7720</td><td>0.15</td><td>0.12</td><td rowspan="4">13.73</td></tr>
<tr><td>3</td><td>0214010</td><td>肥料</td><td>kg</td><td>6.7384</td><td>1.47</td><td>9.91</td></tr>
<tr><td>4</td><td>0213010</td><td>水</td><td>m^3</td><td>0.7160</td><td>4.27</td><td>3.06</td></tr>
<tr><td>5</td><td>X0045</td><td>其他材料</td><td>%</td><td>5</td><td></td><td>0.65</td></tr>
<tr><td>机械</td><td>6</td><td>0301060</td><td>洒水车 4t</td><td>台班</td><td>0.1103</td><td>481.51</td><td>53.11</td><td>53.11</td></tr>
<tr><td></td><td></td><td></td><td></td><td></td><td></td><td></td><td></td><td></td><td></td></tr>
</table>

续表

定额编号				1－2－4					
项目				灌木(常绿)灌丛高度在 cm 以上 300					
内容	序号	材料编码	材料名称	单位	数量	单价	小计	累计	单价合价
人工	1	101010	综合人工	工日	4.2259	100.00	422.59	422.59	494.18
材料	2	0214050	药剂	kg	0.7891	0.15	0.12	13.28	
	3	0214010	肥料	kg	5.5349	1.47	8.14		
	4	0213010	水	m^3	1.0292	4.27	4.39		
	5	X0045	其他材料	%	5		0.63		
机械	6	0301060	洒水车 4t	台班	0.1211	481.51	58.31	58.31	

定额编号				1－2－8					
项目				灌木(落叶)灌丛高度在 cm 以上 300					
内容	序号	材料编码	材料名称	单位	数量	单价	小计	累计	单价合价
人工	1	101010	综合人工	工日	5.1340	100.00	513.40	513.40	587.68
材料	2	0214050	药剂	kg	0.8878	0.15	0.13	15.82	
	3	0214010	肥料	kg	7.7492	1.47	11.39		
	4	0213010	水	m^3	0.8299	4.27	3.54		
	5	X0045	其他材料	%	5		0.75		
机械	6	0301060	洒水车 4t	台班	0.1214	481.51	58.46	58.46	

续表

定额编号				1－8－2					
项目				花坛花镜 花镜					
内容	序号	材料编码	材料名称	单位	数量	单价	小计	累计	单价合价
人工	1	101010	综合人工	工日	0.9643	100.00	96.43	96.43	130.15
材料	2	0214050	药剂	kg	0.0859	0.15	0.01	19.56	
	3	0214010	肥料	kg	7.0105	1.47	10.31		
	4	0213010	水	m^3	1.9470	4.27	8.31		
	5	X0045	其他材料	%	5		0.93		
机械	6	0301060	洒水车 4t	台班	0.0294	481.51	14.16	14.16	

定额编号				1－4－2					
项目				竹类 散生竹					
内容	序号	材料编码	材料名称	单位	数量	单价	小计	累计	单价合价
人工	1	101010	综合人工	工日	0.7281	100.00	72.81	72.81	92.66
材料	2	0214050	药剂	kg	0.0565	0.15	0.01	11.14	
	3	0214010	肥料	kg	2.3368	1.47	3.44		
	4	0213010	水	m^3	1.6781	4.27	7.17		
	5	X0045	其他材料	%	5		0.53		
机械	6	0301060	洒水车 4t	台班	0.0181	481.51	8.72	8.72	

续表

定额编号				1－5－1					
项目				造型植物 蓬径在 cm 以内 100					
内容	序号	材料编码	材料名称	单位	数量	单价	小计	累计	单价合价
人工	1	101010	综合人工	工日	1.0153	100.00	101.53	101.53	157.94
材料	2	0214050	药剂	kg	0.7040	0.15	0.11	14.52	
	3	0214010	肥料	kg	6.5902	1.47	9.69		
	4	0213010	水	m^3	0.9458	4.27	4.04		
	5	X0045	其他材料	%	5		0.69		
机械	6	0301060	洒水车 4t	台班	0.0870	481.51	41.89	41.89	

定额编号				1－5－2					
项目				造型植物 蓬径在 cm 以内 200					
内容	序号	材料编码	材料名称	单位	数量	单价	小计	累计	单价合价
人工	1	101010	综合人工	工日	3.4857	100.00	348.57	348.57	419.84
材料	2	0214050	药剂	kg	0.8701	0.15	0.13	19.03	
	3	0214010	肥料	kg	8.1360	1.47	11.96		
	4	0213010	水	m^3	1.4125	4.27	6.03		
	5	X0045	其他材料	%	5		0.91		
机械	6	0301060	洒水车 4t	台班	0.1085	481.51	52.24	52.24	

续表

定额编号				1－5－3					
项目				造型植物 蓬径在 cm 以上 200					
内容	序号	材料编码	材料名称	单位	数量	单价	小计	累计	单价合价
人工	1	101010	综合人工	工日	7.6302	100.00	763.02	763.02	850.66
材料	2	0214050	药剂	kg	1.0633	0.15	0.16	23.98	
	3	0214010	肥料	kg	9.9440	1.47	14.62		
	4	0213010	水	m^3	1.8882	4.27	8.06		
	5	X0045	其他材料	%	5		1.14		
机械	6	0301060	洒水车 4t	台班	0.1322	481.51	63.66	63.66	

定额编号				1－3－1					
项目				绿篱（单排）高度在 cm 以内 100					
内容	序号	材料编码	材料名称	单位	数量	单价	小计	累计	单价合价
人工	1	101010	综合人工	工日	0.2315	100.00	23.15	23.15	37.02
材料	2	0214050	药剂	kg	0.0509	0.15	0.01	6.26	
	3	0214010	肥料	kg	2.1029	1.47	3.09		
	4	0213010	水	m^3	0.6712	4.27	2.87		
	5	X0045	其他材料	%	5		0.30		
机械	6	0301060	洒水车 4t	台班	0.0158	481.51	7.61	7.61	

续表

定额编号				1－3－2					
项目				绿篱（单排）高度在 cm 以内 200					
内容	序号	材料编码	材料名称	单位	数量	单价	小计	累计	单价合价
人工	1	101010	综合人工	工日	0.2834	100.00	28.34	28.34	51.59
材料	2	0214050	药剂	kg	0.0622	0.15	0.01	14.01	
	3	0214010	肥料	kg	2.5708	1.47	3.78		
	4	0213010	水	m^3	2.2374	4.27	9.55		
	5	X0045	其他材料	%	5		0.67		
机械	6	0301060	洒水车 4t	台班	0.0192	481.51	9.24	9.24	

定额编号				1－3－3					
项目				绿篱（单排）高度在 cm 以上 200					
内容	序号	材料编码	材料名称	单位	数量	单价	小计	累计	单价合价
人工	1	101010	综合人工	工日	0.3112	100.00	31.12	31.12	66.82
材料	2	0214050	药剂	kg	0.0689	0.15	0.01	25.35	
	3	0214010	肥料	kg	2.8273	1.47	4.16		
	4	0213010	水	m^3	4.6782	4.27	19.98		
	5	X0045	其他材料	%	5		1.21		
机械	6	0301060	洒水车 4t	台班	0.0215	481.51	10.35	10.35	

续表

定额编号				1－7－1					
项目				地被植物覆盖面积					
内容	序号	材料编码	材料名称	单位	数量	单价	小计	累计	单价合价
人工	1	101010	综合人工	工日	1.0288	100.00	102.88	102.88	120.06
材料	2	0214050	药剂	kg	0.0859	0.15	0.01	7.93	
	3	0214010	肥料	kg	3.5053	1.47	5.15		
	4	0213010	水	m^3	0.5594	4.27	2.39		
	5	X0045	其他材料	%	5		0.38		
机械	6	0301060	洒水车 4t	台班	0.0192	481.51	9.24	9.24	

定额编号				1－9－1					
项目				草坪暖季型(满铺)					
内容	序号	材料编码	材料名称	单位	数量	单价	小计	累计	单价合价
人工	1	101010	综合人工	工日	0.6109	100.00	61.09	61.09	87.10
材料	2	0214050	药剂	kg	0.0463	0.15	0.01	9.69	
	3	0214010	肥料	kg	2.8047	1.47	4.12		
	4	0213010	水	m^3	1.1933	4.27	5.10		
	5	X0045	其他材料	%	5		0.46		
机械	6	0301060	洒水车 4t	台班	0.0339	481.51	16.32	16.32	

续表

定额编号				1-10-1					
项目				水生植物塘植					
内容	序号	材料编码	材料名称	单位	数量	单价	小计	累计	单价合价
人工	1	101010	综合人工	工日	0.6849	100.00	68.49	68.49	
材料	2	0214050	药剂	kg	0.4260	0.15	0.06		
	3	0214010	肥料	kg	3.6160	1.47	5.32	5.65	74.14
	4	0213010	水	m^3	0.0000	4.27	0.00		
	5	X0045	其他材料	%	5		0.27		
机械	6	0301060	洒水车4t	台班	0.0000	481.51	0.00	0.00	

定额编号				5-2-16					
项目				园路广场 整体式混凝土面层					
内容	序号	材料编码	材料名称	单位	数量	单价	小计	累计	单价合价
人工	1	101010	综合人工	工日	0.1960	100.00	19.60	19.60	
材料	2	0202030	现浇混凝土C25	m^3	0.0275	211.57	5.82		
	3	0203030	碎石5-15	t	0.0425	92.23	3.92		
	4	213010	水	m^3	0.0282	4.27	0.12	10.85	
	5	0216010	风镐凿子	根	0.0180	11.03	0.20		
	6	0216020	草袋	只	0.2196	1.28	0.28		
	7	X0045	其他材料	%	5		0.52		33.82
机械	8	0301090	光轮压路机轻型	台班	0.0003	229.26	0.07		
	9	0301100	光轮压路机重型	台班	0.0012	271.19	0.33		
	10	0302010	内燃空气压缩机6.0m^3	台班	0.0085	327.73	2.79	3.37	
	11	302040	平板式振捣器	台班	0.0031	10.62	0.03		
	12	302080	风镐	台班	0.0169	9.10	0.15		

续表

定额编号				5-2-17					
项目				园路广场 沥青面层					
内容	序号	材料编码	材料名称	单位	数量	单价	小计	累计	单价合价
人工	1	101010	综合人工	工日	0.0620	100.00	6.20	6.20	40.71
材料	2	0202060	粗粒式沥青混凝土 Ac30	t	0.0524	423.59	22.20	33.90	
	3	0202050	细粒式沥青混凝土 Ac13	t	0.0191	518.15	9.90		
	4	0209060	重质柴油	kg	0.0096	7.40	0.07		
	5	0210010	优质沥青漆	kg	0.0973	1.26	0.12		
	9	X0045	其他材料	%	5		1.61		
机械	10	0301090	光轮压路机轻型	台班	0.0009	229.26	0.21	0.61	
	11	0301100	光轮压路机重型	台班	0.0015	271.19	0.41		

定额编号				5-2-18					
项目				园路广场 块料面层					
内容	序号	材料编码	材料名称	单位	数量	单价	小计	累计	单价合价
人工	1	101010	综合人工	工日	0.3416	100.00	34.16	34.16	65.90
材料	2	0202030	现浇混凝土 C25	t	0.0275	211.57	5.82	28.86	
	3	0204040	广场砖	m^2	0.2862	64.96	18.59		
	4	0201030	水泥砂浆 1:1	m^3	0.0068	245.54	1.67		
	5	0201060	水泥砂浆 1:3	m^3	0.0055	194.31	1.07		
	6	0201110	素水泥浆	m^3	0.0003	359.97	0.11		
	7	0216010	风镐凿子	根	0.0162	11.03	0.18		
	8	213010	水	m^3	0.0127	4.27	0.05		
	10	X0045	其他材料	%	5		1.37		
机械	11	0301110	灰浆搅拌机 400L	台班	0.0012	156.16	0.19	2.88	
	12	0301130	机动翻斗车	台班	0.0020	203.90	0.41		
	13	0302010	内燃空气压缩机 6.0m^3	台班	0.0065	327.73	2.13		
	14	0302040	平板式振捣器	台班	0.0031	10.62	0.03		
	15	302080	风镐	台班	0.0130	9.10	0.12		

续表

定额编号				5－2－19					
项目				园路广场 花式园路					
内容	序号	材料编码	材料名称	单位	数量	单价	小计	累计	单价合价
人工	1	101010	综合人工	工日	0.1630	100.00	16.30	16.30	56.05
材料	2	0203050	山砂	t	0.0243	48.54	1.18	39.75	
	3	0204050	黄道砖 150×80×12	百块	0.5792	55.98	32.42		
	4	0206040	蝴蝶瓦 160×160×11	百块	0.0743	57.26	4.25		
	7	X0045	其他材料	%	5		1.89		
机械	8								
	9								

定额编号				7－1－4					
项目				湖泊保洁 单位面积 $10000m^2$ 以上					
内容	序号	材料编码	材料名称	单位	数量	单价	小计	累计	单价合价
人工	1	101010	综合人工	工日	######	100.00	10553.62	10553.62	11608.98
	2	X0045	其他材料占人工费	%	10.0000		1055.36	1055.36	
机械	3								
	4								

续表

定额编号				5－1－1					
项目				普通建筑 办公用房					
内容	序号	材料编码	材料名称	单位	数量	单价	小计	累计	单价合价
人工	1	101010	综合人工	工日	1.2501	100.00	125.01	125.01	
	2	0201050	水泥砂浆1:2.5	m^3	0.0028	213.70	0.60		
	3	0201100	白水泥80°	kg	2.4587	0.69	1.70		
	4	0201120	石灰砂浆1:3	m^3	0.0186	138.28	2.57		
	5	0201140	石膏粉特制	kg	0.0207	1.03	0.02		
	6	0208030	乳胶漆	kg	3.6587	22.22	81.30		
	7	0208070	调和漆	kg	0.2068	10.26	2.12		
材料	8	0206070	中瓦 200×180	张	20.7432	0.32	6.64	122.24	255.43
	9	0208090	107建筑胶水	kg	0.5224	1.28	0.67		
	10	0209050	熟桐油	kg	0.0134	11.97	0.16		
	11	0215010	塑钢平开窗	m^2	0.0519	397.44	20.63		
	12	0213010	水	m^3	0.0047	4.27	0.02		
	13	X0045	其他材料	%	5		5.82		
机械	14	0301110	灰浆搅拌机400L	台班	0.0008	156.16	0.12	8.18	
	15	0302030	电动卷扬机单快1t	台班	0.0418	192.64	8.05		

续表

定额编号				5-1-2					
项目				普通建筑 辅助用房					
内容	序号	材料编码	材料名称	单位	数量	单价	小计	累计	单价合价
人工	1	101010	综合人工	工日	1.9083	100.00	190.83	190.83	237.54
材料	2	0201050	水泥砂浆 1:2.5	m^3	0.0009	213.70	0.19	46.71	
	3	0201100	白水泥 80°	kg	0.6999	0.69	0.48		
	4	0201120	石灰砂浆 1:3	m^3	0.0105	138.28	1.45		
	5	0201140	石膏粉特制	kg	0.1540	1.03	0.16		
	6	0208030	乳胶漆	kg	0.9723	22.22	21.60		
	7	0208070	调和漆	kg	1.5365	10.26	15.76		
	8	0206070	中瓦 200 × 180	张	11.6897	0.32	3.74		
	9	0209050	熟桐油	kg	0.0770	11.97	0.92		
	10	0207010	一般木成材	m^3	0.0001	1645.30	0.16		
	11	0213010	水	m^3	0.0015	4.27	0.01		
	12	X0045	其他材料	%	5		2.22		
机械									

续表

定额编号				5－1－3					
项目				普通建筑 餐厅、展示用房					
内容	序号	材料编码	材料名称	单位	数量	单价	小计	累计	单价合价
人工	1	101010	综合人工	工日	2.4422	100.00	244.22	244.22	370.39
材料	2	0201030	水泥砂浆 1:1	m^3	0.0040	245.54	0.98	125.69	
	3	0201060	水泥砂浆 1:3	m^3	0.0030	194.31	0.58		
	4	0201100	白水泥 80°	kg	1.3980	0.69	0.96		
	5	0201120	石灰砂浆 1:3	m^3	0.0180	138.28	2.49		
	6	0201140	石膏粉特制	kg	0.1490	1.03	0.15		
	7	0204010	地砖 300 × 300	m^2	0.1480	3.85	0.57		
	8	0208030	乳胶漆	kg	1.8660	22.22	41.46		
	9	0208070	调和漆	kg	1.4860	10.26	15.25		
	10	0206070	中瓦 200 × 180	张	19.4230	0.32	6.22		
	11	0208090	107 建筑胶水	kg	1.3430	1.28	1.72		
	12	0209050	熟桐油	kg	0.0740	11.97	0.89		
	13	0211110	圆钉	kg	7.2500	5.47	39.66		
	14	0207010	一般木成材	m^3	0.0060	1645.30	9.87		
	16	X0045	其他材料	%	5		6.04		
机械	17	0302060	木工平刨机 450mm	台班	0.0100	38.58	0.39	0.39	

续表

定额编号				5-1-4					
项目				普通建筑 售票房等其他建筑					
内容	序号	材料编码	材料名称	单位	数量	单价	小计	累计	单价合价
人工	1	101010	综合人工	工日	1.4930	100.00	149.30	149.30	277.76
材料	2	0201030	水泥砂浆 1:1	m^3	0.0104	245.54	2.55	128.46	
	3	0201060	水泥砂浆 1:3	m^3	0.0080	194.31	1.55		
	4	0208030	乳胶漆	kg	3.2892	22.22	73.09		
	5	0201140	石膏粉特制	kg	0.0340	1.03	0.04		
	6	0208070	调和漆	kg	0.3340	10.26	3.43		
	7	0215010	塑钢平开窗	m^2	0.0760	397.44	30.21		
	8	0209050	熟桐油	kg	0.0170	11.97	0.20		
	9	0208090	107 建筑胶水	kg	0.4700	1.28	0.60		
	10	0201120	石灰砂浆 1:3	m^3	0.0022	138.28	0.30		
	11	0206070	中瓦 200 × 180	张	24.5630	0.32	7.86		
	12	0201100	白水泥 80°	kg	2.2250	0.69	1.54		
	13	0204010	地砖 300 × 300	m^2	0.1490	3.85	0.57		
	14	0204030	面砖	m^2	0.3110	1.31	0.41		
	15	X0045	其他材料	%	5		6.12		
机械									

续表

定额编号				5-1-5					
项目				古典建筑 亭					
内容	序号	材料编码	材料名称	单位	数量	单价	小计	累计	单价合价
人工	1	101010	综合人工	工日	4.1997	100.00	419.97	419.97	519.93
材料	2	0208030	乳胶漆	kg	0.3707	22.22	8.24	99.80	
	3	0201140	石膏粉特制	kg	0.4830	1.03	0.50		
	4	0207010	一般木成材	m^3	0.0061	1645.30	10.04		
	5	0208020	油灰	kg	0.0292	0.51	0.01		
	6	0203010	黄砂中粗	t	0.0045	77.67	0.35		
	7	0208070	调和漆	kg	4.8218	10.26	49.47		
	8	0209050	熟桐油	kg	0.2416	11.97	2.89		
	9	0208090	107 建筑胶水	kg	0.0530	1.28	0.07		
	10	0201120	石灰砂浆 1:3	m^3	0.0182	138.28	2.52		
	11	0206070	中瓦 200×180	张	19.719	0.32	6.31		
	12	0201100	白水泥 80°	kg	0.2491	0.69	0.17		
	13	0204020	方砖 400×400	百块	0.0043	3212.82	13.82		
	14	0206010	蝴蝶滴水瓦 20×200	百张	0.0042	109.40	0.46		
	15	0206030	蝴蝶花边瓦 200×200	百块	0.0029	72.65	0.21		
	16	X0045	其他材料	%	5		4.75		
机械	17	0301110	灰浆搅拌机 400L	台班	0.0004	156.16	0.06	0.16	
	18	0302030	电动卷扬机 单快 1t	台班	0.0005	192.64	0.10		

续表

定额编号				5-1-6					
项目				古典建筑 廊					
内容	序号	材料编码	材料名称	单位	数量	单价	小计	累计	单价合价
人工	1	101010	综合人工	工日	3.4290	100.00	342.90	342.90	444.93
材料	2	0213010	水	m^3	0.0029	4.27	0.01	101.92	
	3	0208030	乳胶漆	kg	1.8057	22.22	40.12		
	4	0207010	一般木成材	m^3	0.0080	1645.30	13.16		
	5	0208070	调和漆	kg	2.8535	10.26	29.28		
	6	0209050	熟桐油	kg	0.1403	11.97	1.71		
	7	0208090	107 建筑胶水	kg	0.2859	1.28	0.37		
	8	0201120	石灰砂浆 1:3	m^3	0.0200	138.28	2.77		
	9	0206070	中瓦 200 × 180	张	21.709	0.32	6.95		
	10	0201100	白水泥 80°	kg	1.6170	0.69	1.12		
	11	0211110	圆钉	kg	0.0002	3212.82	0.64		
	12	0206010	蝴蝶滴水瓦 20×200	百张	0.0060	109.40	0.66		
	13	0206030	蝴蝶花边瓦 200×200	百块	0.0040	72.65	0.29		
	14	X0045	其他材料	%	5		4.85		
机械	15	0301110	灰浆搅拌机 400L	台班	0.0002	156.16	0.03	0.11	
	16	0302030	电动卷扬机 单快 1t	台班	0.0004	192.64	0.08		

续表

定额编号				5-2-1					
项目				花架、廊 混凝土					
内容	序号	材料编码	材料名称	单位	数量	单价	小计	累计	单价合价
人工	1	101010	综合人工	工日	0.3770	100.00	37.70	37.70	52.46
材料	2	0201140	石膏粉特制	kg	0.6000	1.03	0.62	14.76	
	3	0208100	803 涂料	kg	3.8095	2.15	8.19		
	4	0209040	清油	kg	0.4095	12.82	5.25		
	6	X0045	其他材料	%	5		0.70		
机械									

定额编号				5-2-3					
项目				石假山					
内容	序号	材料编码	材料名称	单位	数量	单价	小计	累计	单价合价
人工	1	101010	综合人工	工日	1.4256	100.00	142.56	142.56	231.55
材料	2	0201050	水泥砂浆 1:2.5	m^3	0.0068	213.70	1.45	86.76	
	3	0205010	湖石	t	0.1350	401.71	54.23		
	4	0211080	铁件	kg	2.0250	6.39	12.94		
	5	0205030	花岗岩	m^3	0.0135	641.88	8.67		
	6	0213010	水	m^3	0.0338	4.27	0.14		
	7	0207060	毛竹	根	0.0350	15.90	0.56		
	8	0207010	一般木成材	m^3	0.0005	1645.30	0.82		
	9	0205020	块石大片	t	0.0130	71.14	0.92		
	10	0202010	现浇混凝土 C15	m^3	0.0131	221.32	2.89		
	11	X0045	其他材料	%	5		4.13		
机械	12	0301070	汽车式起重机 5t	台班	0.0047	474.53	2.23	2.23	

续表

定额编号				5-2-9					
项目				零星石构件 花坛石					
内容	序号	材料编码	材料名称	单位	数量	单价	小计	累计	单价合价
人工	1	101010	综合人工	工日	0.5315	100.00	53.15	53.15	57.65
材料	2	0201070	水泥砂浆 M5	m^3	0.0019	142.48	0.27	4.50	
	3	0216050	砂轮片	片	0.0007	15.04	0.01		
	4	0205040	花岗岩	m^3	0.0087	452.14	3.93		
	5	0211060	钨钢头	kg	0.0025	3.87	0.01		
	6	0211070	钢钎	kg	0.0161	2.78	0.04		
	7	0204090	焦炭	kg	0.0273	0.68	0.02		
	8	X0045	其他材料	%	5		0.21		
机械									

定额编号				5-2-12					
项目				园桥 钢筋混凝土					
内容	序号	材料编码	材料名称	单位	数量	单价	小计	累计	单价合价
人工	1	101010	综合人工	工日	0.1803	100.00	18.03	18.03	22.79
材料	2	0208100	803 涂料	kg	1.3775	2.15	2.96	4.76	
	3	0201050	水泥砂浆 1∶2.5	m^3	0.0040	213.70	0.85		
	4	0201110	素水泥浆	m^3	0.0002	359.97	0.07		
	5	0213010	水	m^3	0.0131	4.27	0.06		
	6	0216070	颜料(色粉)	kg	0.0050	0.73	0.00		
	7	0208110	羧甲基纤维素(化学浆糊)	kg	0.0496	2.29	0.11		
	8	0201150	大白粉 $CaCo_3$	kg	0.7840	0.60	0.47		
	9	X0045	其他材料	%	5		0.23		
机械									

续表

定额编号				5-2-20					
项目				围墙 砖砌					
内容	序号	材料编码	材料名称	单位	数量	单价	小计	累计	单价合价
人工	1	101010	综合人工	工日	0.9619	100.00	96.19	96.19	128.39
材料	2	0208100	803 涂料	kg	6.7133	2.15	14.43	30.03	
	3	0201040	水泥砂浆 1:2	m^3	0.0322	224.71	7.24		
	4	0201060	水泥砂浆 1:3	m^3	0.0215	194.31	4.18		
	5	0213010	水	m^3	0.0031	4.27	0.01		
	6	0201140	石膏粉特制	kg	1.0573	1.03	1.09		
	7	0208110	羧甲荃维素（化学浆糊）	kg	0.7217	2.29	1.65		
	8	X0045	其他材料	%	5		1.43		
机械	9	0301110	灰浆搅拌机 400L	台班	0.0054	156.16	0.84	2.17	
	10	0302030	电动卷扬机单快 1t	台班	0.0069	192.64	1.33		

续表

定额编号				5-2-21					
项目				围墙 钢结构					
内容	序号	材料编码	材料名称	单位	数量	单价	小计	累计	单价合价
人工	1	101010	综合人工	工日	2.0654	100.00	206.54	206.54	272.24
材料	2	0208100	803 涂料	kg	4.2680	2.15	9.18	64.42	
	3	0211050	扁钢	t	0.0006	2905.98	1.74		
	4	0211010	成型钢筋	t	0.0069	2931.62	20.23		
	5	0201040	水泥砂浆 1:2	m^3	0.0205	224.71	4.61		
	6	0201060	水泥砂浆 1:3	m^3	0.0137	194.31	2.66		
	7	0207040	垫木	m^3	0.0005	1561.54	0.78		
	8	0216030	电石	kg	0.0099	1.79	0.02		
	9	0209030	汽油	kg	0.0036	7.43	0.03		
	10	0211040	角钢	t	0.0012	2905.98	3.49		
	11	0211020	电焊条	kg	0.1630	3.72	0.61		
	12	0213010	水	m^3	0.0019	4.27	0.01		
	13	0213020	氧气	m^3	0.0060	2.14	0.01		
	14	0201140	石膏粉特制	kg	0.6720	1.03	0.69		
	15	0208070	调和漆	kg	0.6550	10.26	6.72		
	16	0208110	羧甲荃维素(化学浆糊)	kg	0.4588	2.29	1.05		
	17	0208060	油性防锈漆	kg	0.6299	11.97	7.54		
	18	0209070	溶剂	kg	0.0920	7.84	0.72		
	19	0202030	现浇混凝土 C25	m^3	0.0060	211.57	1.27		
	20	X0045	其他材料	%	5		3.07		
机械	21	0301110	灰浆搅拌机 400L	台班	0.0030	156.16	0.47	1.28	
	22	0302030	电动卷扬机 单快 1t	台班	0.0042	192.64	0.81		

续表

定额编号				6－3－3					
项目				园椅、凳（木质）5年以内					
内容	序号	材料编码	材料名称	单位	数量	单价	小计	累计	单价合价
人工	1	0102020	综合人工	%	40	—	758.40	758.40	1896.00
材料	2			%	60	—	1137.60	1137.60	
机械									
备注	设备总价			63200.00					
	单价按总价的%			3					

定额编号				6－3－5					
项目				垃圾桶（金属）5年以内					
内容	序号	材料编码	材料名称	单位	数量	单价	小计	累计	单价合价
人工	1	0102020	综合人工	%	40	—	88.00	88.00	220.00
材料	2			%	60	—	132.00	132.00	
机械									
备注	设备总价			11000.00					
	单价按总价的%			2					

续表

<table>
<tr><td colspan="4">定额编号</td><td colspan="6">6-3-9</td></tr>
<tr><td colspan="4">项目</td><td colspan="6">报廊、告示牌(金属)5年以内</td></tr>
<tr><td>内容</td><td>序号</td><td>材料编码</td><td>材料名称</td><td>单位</td><td>数量</td><td>单价</td><td>小计</td><td>累计</td><td>单价合价</td></tr>
<tr><td>人工</td><td>1</td><td>0102020</td><td>综合人工</td><td>%</td><td>40</td><td>—</td><td>26.00</td><td>26.00</td><td rowspan="4">65.00</td></tr>
<tr><td rowspan="2">材料</td><td>2</td><td></td><td></td><td>%</td><td>60</td><td>—</td><td>39.00</td><td>39.00</td></tr>
<tr><td></td><td></td><td></td><td></td><td></td><td></td><td></td><td></td></tr>
<tr><td>机械</td><td></td><td></td><td></td><td></td><td></td><td></td><td></td><td></td></tr>
<tr><td rowspan="2">备注</td><td colspan="3">设备总价</td><td colspan="6">3250.00</td></tr>
<tr><td colspan="3">单价按总价的%</td><td colspan="6">2</td></tr>
<tr><td colspan="4">定额编号</td><td colspan="6">6-3-13</td></tr>
<tr><td colspan="4">项目</td><td colspan="6">报廊、告示牌(金属)5年以内</td></tr>
<tr><td>内容</td><td>序号</td><td>材料编码</td><td>材料名称</td><td>单位</td><td>数量</td><td>单价</td><td>小计</td><td>累计</td><td>单价合价</td></tr>
<tr><td>人工</td><td>1</td><td>0102020</td><td>综合人工</td><td>%</td><td>40</td><td>—</td><td>376.00</td><td>376.00</td><td rowspan="4">940.00</td></tr>
<tr><td rowspan="2">材料</td><td>2</td><td></td><td></td><td>%</td><td>60</td><td>—</td><td>564.00</td><td>564.00</td></tr>
<tr><td></td><td></td><td></td><td></td><td></td><td></td><td></td><td></td></tr>
<tr><td>机械</td><td></td><td></td><td></td><td></td><td></td><td></td><td></td><td></td></tr>
<tr><td rowspan="2">备注</td><td colspan="3">设备总价</td><td colspan="6">47000.00</td></tr>
<tr><td colspan="3">单价按总价的%</td><td colspan="6">2</td></tr>
</table>

续表

<table>
<tr><td colspan="4">定额编号</td><td colspan="6">6－1－2</td></tr>
<tr><td colspan="4">项目</td><td colspan="6">配电房设备 5 年以上</td></tr>
<tr><td>内容</td><td>序号</td><td>材料编码</td><td>材料名称</td><td>单位</td><td>数量</td><td>单价</td><td>小计</td><td>累计</td><td>单价合价</td></tr>
<tr><td>人工</td><td>1</td><td>0102020</td><td>综合人工</td><td>%</td><td>40</td><td>—</td><td>990.00</td><td>990.00</td><td rowspan="4">2475.00</td></tr>
<tr><td rowspan="2">材料</td><td>2</td><td></td><td></td><td>%</td><td>60</td><td>—</td><td>1485.00</td><td>1485.00</td></tr>
<tr><td></td><td></td><td></td><td></td><td></td><td></td><td></td><td></td></tr>
<tr><td>机械</td><td></td><td></td><td></td><td></td><td></td><td></td><td></td><td></td></tr>
<tr><td rowspan="2">备注</td><td colspan="3">设备总价</td><td colspan="6">55000.00</td></tr>
<tr><td colspan="3">单价按总价的%</td><td colspan="6">4.5</td></tr>
<tr><td colspan="4">定额编号</td><td colspan="6">6－1－3</td></tr>
<tr><td colspan="4">项目</td><td colspan="6">水闸、泵房设备 5 年以内</td></tr>
<tr><td>内容</td><td>序号</td><td>材料编码</td><td>材料名称</td><td>单位</td><td>数量</td><td>单价</td><td>小计</td><td>累计</td><td>单价合价</td></tr>
<tr><td>人工</td><td>1</td><td>0102020</td><td>综合人工</td><td>%</td><td>40</td><td>—</td><td>3672.00</td><td>3672.00</td><td rowspan="4">9180.00</td></tr>
<tr><td rowspan="2">材料</td><td>2</td><td></td><td></td><td>%</td><td>60</td><td>—</td><td>5508.00</td><td>5508.00</td></tr>
<tr><td></td><td></td><td></td><td></td><td></td><td></td><td></td><td></td></tr>
<tr><td>机械</td><td></td><td></td><td></td><td></td><td></td><td></td><td></td><td></td></tr>
<tr><td rowspan="2">备注</td><td colspan="3">设备总价</td><td colspan="6">306000.00</td></tr>
<tr><td colspan="3">单价按总价的%</td><td colspan="6">3</td></tr>
</table>

续表

定额编号				6-1-5					
项目				车辆设备5年以内					
内容	序号	材料编码	材料名称	单位	数量	单价	小计	累计	单价合价
人工	1	0102020	综合人工	%	40	—	1554.00	1554.00	3885.00
材料	2			%	60	—	2331.00	2331.00	
机械									
备注	设备总价			111000.00					
	单价按总价的%			3.5					

定额编号				6-1-7					
项目				车辆设备5年以内					
内容	序号	材料编码	材料名称	单位	数量	单价	小计	累计	单价合价
人工	1	0102020	综合人工	%	40	—	223.20	223.20	558.00
材料	2			%	60	—	334.80	334.80	
机械									
备注	设备总价			27900.00					
	单价按总价的%			2					

续表

<table>
<tr><td colspan="4">定额编号</td><td colspan="6">6－1－11</td></tr>
<tr><td colspan="4">项目</td><td colspan="6">健身设备 5 年以内</td></tr>
<tr><td>内容</td><td>序号</td><td>材料编码</td><td>材料名称</td><td>单位</td><td>数量</td><td>单价</td><td>小计</td><td>累计</td><td>单价合价</td></tr>
<tr><td>人工</td><td>1</td><td>0102020</td><td>综合人工</td><td>%</td><td>40</td><td>—</td><td>224.00</td><td>224.00</td><td rowspan="4">560.00</td></tr>
<tr><td rowspan="2">材料</td><td>2</td><td></td><td></td><td>%</td><td>60</td><td>—</td><td>336.00</td><td>336.00</td></tr>
<tr><td></td><td></td><td></td><td></td><td></td><td></td><td></td><td></td></tr>
<tr><td>机械</td><td></td><td></td><td></td><td></td><td></td><td></td><td></td><td></td></tr>
<tr><td rowspan="2">备注</td><td colspan="3">设备总价</td><td colspan="6">22400.00</td></tr>
<tr><td colspan="3">单价按总价的%</td><td colspan="6">2.5</td></tr>
<tr><td></td><td></td><td></td><td></td><td></td><td></td><td></td><td></td><td></td><td></td></tr>
<tr><td></td><td></td><td></td><td></td><td></td><td></td><td></td><td></td><td></td><td></td></tr>
</table>

<table>
<tr><td colspan="4">定额编号</td><td colspan="6">6－2－1</td></tr>
<tr><td colspan="4">项目</td><td colspan="6">上水系统 5 年以内</td></tr>
<tr><td>内容</td><td>序号</td><td>材料编码</td><td>材料名称</td><td>单位</td><td>数量</td><td>单价</td><td>小计</td><td>累计</td><td>单价合价</td></tr>
<tr><td>人工</td><td>1</td><td>0102020</td><td>综合人工</td><td>%</td><td>40</td><td>—</td><td>356.00</td><td>356.00</td><td rowspan="4">890.00</td></tr>
<tr><td rowspan="2">材料</td><td>2</td><td></td><td></td><td>%</td><td>60</td><td>—</td><td>534.00</td><td>534.00</td></tr>
<tr><td></td><td></td><td></td><td></td><td></td><td></td><td></td><td></td></tr>
<tr><td>机械</td><td></td><td></td><td></td><td></td><td></td><td></td><td></td><td></td></tr>
<tr><td rowspan="2">备注</td><td colspan="3">设备总价</td><td colspan="6">35600.00</td></tr>
<tr><td colspan="3">单价按总价的%</td><td colspan="6">2.5</td></tr>
</table>

续表

定额编号				6-2-3					
项目				下水系统5年以内					
内容	序号	材料编码	材料名称	单位	数量	单价	小计	累计	单价合价
人工	1	0102020	综合人工	%	40	—	80.00	80.00	200.00
材料	2			%	60	—	120.00	120.00	
机械									
备注	设备总价			10000.00					
	单价按总价的%			2					

定额编号				6-2-5					
项目				电力、照明系统5年以内					
内容	序号	材料编码	材料名称	单位	数量	单价	小计	累计	单价合价
人工	1	0102020	综合人工	%	40	—	1278.00	1278.00	3195.00
材料	2			%	60	—	1917.00	1917.00	
机械									
备注	设备总价			106500.00					
	单价按总价的%			3					

续表

定额编号				6-2-7					
项目				广播、监控系统5以内					
内容	序号	材料编码	材料名称	单位	数量	单价	小计	累计	单价合价
人工	1	0102020	综合人工	%	40	—	180.00	180.00	450.00
材料	2			%	60	—	270.00	270.00	
机械									
备注	设备总价			15000.00					
	单价按总价的%			3					

定额编号				7-1-5					
项目				垃圾处理					
内容	序号	材料编码	材料名称	单位	数量	单价	小计	累计	单价合价
人工	1	101010	综合人工	工日	0.7800	100.00	78.00	78.00	110.13
材料	2								
	3								
	4								
机械	5	0301020	汽车式起重机4t	台班	0.0815	394.27	32.13	32.13	

续表

定额编号				7-1-7					
项目				广场、道路保洁 每天清扫二次					
内容	序号	材料编码	材料名称	单位	数量	单价	小计	累计	单价合价
人工	1	101010	综合人工	工日	67.5980	100.00	6759.80	6759.80	7091.02
材料	2	0212060	大扫帚	把	40.4420	4.27	172.69	331.22	
	3	0212010	畚箕	只	0.3285	9.40	3.09		
	4	0212050	小车	辆	0.0365	2393.16	87.35		
	5	0212040	铁锹	把	0.3285	22.22	7.30		
	6	0212020	夹垃圾的夹子	把	1.3505	12.82	17.31		
	7	0212030	抹布	条	8.1030	3.42	27.71		
	8	X0045	其他材料	%	5		15.77		
机械									

定额编号				7-2-2					
项目				绿地治安巡视					
内容	序号	材料编码	材料名称	单位	数量	单价	小计	累计	单价合价
人工	1	0101010	综合人工	工日	182.5	100.00	18250.00	18250.00	20075.00
材料	2	0290002	其他材料费占人工费	%	10		1825.00	1825.00	
机械									

人工、材料、机械费用分析表

项目名称：×××公园养护

序号	编码	名　　称	单位	数量	单价(元)	合计(元)
		人工				600404.47
1	0102020	综合人工	%	—	0.00	9805.60
2	0101010	综合人工	工日	5905.9887	100.00	590598.87
		材料				150424.94
1	0214010	肥料	kg	5024.3636	1.47	7385.81
2	0214050	药剂	kg	207.5846	0.15	31.14
3	0215010	塑钢平开窗	m^2	3.7149	397.44	1476.45
4	0204010	地砖	m^2	21.7409	3.85	83.70
5	0204030	面砖	m^2	4.6681	1.31	6.12
6	0208020	油灰	kg	0.1037	0.51	0.05
7	0203010	黄砂中粗	t	0.0160	77.67	1.24
8	0204020	方砖	百块	0.0153	3212.82	49.16
9	0208030	乳胶漆	kg	570.7825	22.22	12682.79
10	0209050	熟桐油	kg	18.9518	11.97	226.85
11	0208090	107 建筑胶水	kg	213.2629	1.28	272.98
12	0201120	石灰砂浆	m^3	4.3376	138.28	599.80
13	0206070	中瓦	张	5143.7173	0.32	1645.99
14	0201100	白水泥 80°	kg	411.0051	0.69	283.59
15	0211110	园钉	kg	953.7399	5.47	5216.96
16	0206010	蝴蝶滴水瓦	百张	0.0906	109.40	9.91
17	0206030	蝴蝶花边瓦	百块	0.0631	72.65	4.58
18	0209040	清油	kg	3.6691	12.82	47.04
19	0216070	颜料(色粉)	kg	0.0157	0.73	0.01
20	0201150	大白粉 $CaCo_3$	kg	2.4618	0.60	1.48
21	0216020	草袋	只	87.8400	1.28	112.44
22	0203030	碎石	t	17.0000	92.23	1567.91
23	0209060	重质柴油	kg	0.9216	7.40	6.82
24	0202060	粗粒式沥青混凝土	t	5.0304	423.59	2130.83

续表

序号	编码	名　　称	单位	数量	单价(元)	合计(元)
25	0202050	细粒式沥青混凝土	t	1.8336	518.15	950.08
26	0210010	优质沥青漆	kg	9.3408	1.26	11.77
27	0201030	水泥砂浆	m^3	14.9097	245.54	3660.93
28	0201110	素水泥浆	m^3	0.6306	359.97	227.00
29	0216010	风镐凿子	根	41.2200	11.03	454.66
30	0204040	广场砖	m^2	601.0200	64.96	39042.26
31	0203050	山砂	t	8.7845	48.54	426.40
32	0204050	黄道砖	百块	209.3808	55.98	11721.14
33	0206040	蝴蝶瓦	百块	26.8595	57.26	1537.98
34	0208100	803 涂料	kg	425.3233	2.15	914.45
35	0211050	扁钢	t	0.0081	2905.98	23.54
36	0211010	成型钢筋	t	0.0929	2931.62	272.35
37	0201040	水泥砂浆	m^3	1.8560	224.71	417.06
38	0201060	水泥砂浆	m^3	13.2850	194.31	2581.41
39	0207040	垫木	m^3	0.0067	1561.54	10.46
40	0216030	电石	kg	0.1333	1.79	0.24
41	0209030	汽油	kg	0.0471	7.43	0.35
42	0211040	角钢	t	0.0162	2811.97	45.55
43	0211020	电焊条	kg	2.1994	3.72	8.18
44	0213020	氧气	m^3	0.0861	2.14	0.18
45	0201140	石膏粉特制	kg	100.4868	1.03	103.50
46	0208070	调和漆	kg	384.1300	10.26	3941.17
47	0208110	羧甲茎维素(化学浆糊)	kg	41.7449	2.29	95.60
48	0208060	油性防锈漆	kg	8.4785	11.97	101.49
49	0209070	溶剂	kg	1.2424	7.84	9.74
50	0202030	现浇混凝土	m^3	68.8321	211.57	14562.81
51	0201050	水泥砂浆	m^3	0.2478	213.70	52.95
52	0205010	湖石	t	0.5994	401.71	240.79
53	0211080	铁件	kg	8.9910	6.39	57.45

续表

序号	编码	名　称	单位	数量	单价(元)	合计(元)
54	0205030	花岗岩	m^3	0.0599	641.88	38.45
55	0213010	水	m^3	1545.1305	4.27	6597.71
56	0207060	毛竹	根	0.1558	15.90	2.48
57	0207010	一般木成材	m^3	0.8545	1645.30	1405.91
58	0205020	块石大片	t	0.0595	71.14	4.23
59	0202010	现浇混凝土	m^3	0.0599	211.57	12.67
60	0201070	水泥砂浆	m^3	0.0157	142.48	2.24
61	0216050	砂轮片	片	0.0058	15.04	0.09
62	0205040	花岗岩	m^3	0.0718	452.14	32.46
63	0211060	钨钢头	kg	0.0206	3.87	0.08
64	0211070	钢钎	kg	0.1328	2.78	0.37
65	0204090	焦炭	kg	0.2252	0.68	0.15
66	0290009	按健身设备总价	%	—	0.00	336.00
67	0290012	按配电房设备总价	%	—	0.00	1485.00
68	0290018	按水闸、泵房设备总价	%	—	0.00	5508.00
69	0290005	按车辆设备总价	%	—	0.00	2331.00
70	0290008	按机具设备总价	%	—	0.00	334.80
71	0290016	按上水系统总价	%	—	0.00	534.00
72	0290019	按下水系统总价	%	—	0.00	120.00
73	0290006	按电力、照明系统总价	%	—	0.00	1917.00
74	0290007	按广播、监控系统总价	%	—	0.00	270.00
75	0290023	按植物铭牌、指示牌(金属)总价	%	—	0.00	564.00
76	0290021	按椅凳总价	%	—	0.00	1137.60
77	0290011	按垃圾桶(金属)总价	%	—	0.00	132.00
78	0290004	按报廊、告示牌(金属)总价	%	—	0.00	39.00
79	X0045	其他材料费	%	—	0.00	94.74
80	0212060	大扫帚	把	1196.0722	4.27	5107.23
81	0212010	畚箕	只	9.7154	9.40	91.32

续表

序号	编码	名　　称	单位	数量	单价(元)	合计(元)
82	0212050	小车	辆	1.0795	2393.16	2583.42
83	0212040	铁锹	把	9.7154	22.22	215.88
84	0212020	夹垃圾的夹子	把	39.9410	12.82	512.04
85	0212030	抹布	条	239.6462	3.42	819.59
86	0290002	其他材料费占人工费	%	—	0.00	2880.36
		机械				31048.14
1	0301060	洒水车 4t	台班	43.4462	481.51	20919.78
2	0302060	木工平刨机	台班	1.3155	38.58	50.75
3	0301100	光轮压路机重型	台班	0.6240	271.19	169.22
4	0301090	光轮压路机轻型	台班	0.2064	229.26	47.32
5	0302080	风镐	台班	34.0600	9.10	309.95
6	0302040	平板式振捣器	台班	7.7500	10.62	82.31
7	0302010	内燃空气压缩机 6.0m^3	台班	17.0500	327.73	5587.80
8	0301130	机动翻斗车	台班	4.2000	203.90	856.38
9	0302020	电动卷扬机单快 1t	台班	0.3386	192.64	65.23
10	0301110	灰浆搅拌机 400L	台班	2.8754	156.16	449.02
11	0302030	电动卷扬机单快 1t	台班	2.1378	192.64	411.83
12	0301070	汽车式起重机 5t	台班	0.0209	474.53	9.92
13	0301020	载重汽车 4t	台班	5.2975	394.27	2088.65
		合计				790342.51

苗木勘查汇总表

项目名称：×××公园养护

序号	类型	名 称	单位	工程量
1	白玉兰	白玉兰 胸径≤20cm	10 株	0.40
2	百慕大	百慕大	$10m^2$	274.86
3	垂柳	垂柳 胸径≤30cm	10 株	1.90
		垂柳 胸径≤40cm	10 株	0.60
4	垂丝海棠	垂丝海棠 高度≤300cm	10 株	0.80
5	葱兰	葱兰	$10m^2$	7.93
6	冬青	冬青 胸径≤30cm	10 株	1.40
7	鹅掌楸	鹅掌楸 胸径≤20cm	10 株	0.10
		鹅掌楸 胸径≤30cm	10 株	0.10
8	枫杨	枫杨≤10cm	10 株	0.10
		枫杨 胸径≤30cm	10 株	0.40
9	刚竹	刚竹 胸径 3.1～4.0	$10m^2$	22.35
		刚竹 胸径 4.1～5.0	$10m^2$	36.34
		刚竹 胸径 5.1～6.0	$10m^2$	0.67
10	枸骨球	枸骨球 蓬径＞200cm	10 株	1.10
11	瓜子黄杨	瓜子黄杨 高度≤100cm	10m	0.83
12	瓜子黄杨球	瓜子黄杨球 蓬径＞200cm	10 株	0.80
		瓜子黄杨球 蓬径≤100cm	10 株	8.00
13	广玉兰	广玉兰 胸径≤30cm	10 株	1.90
		广玉兰 胸径≤40cm	10 株	0.50
		广玉兰 胸径 20cm	10 株	0.50
14	桂花	桂花 高度＞300cm	10 株	8.50
15	海桐球	海桐球 蓬径＞200cm	10 株	1.50
		海桐球 蓬径≤200cm	10 株	1.20
16	含笑	含笑 高度≤100cm	10 株	0.30
		含笑 高度≤200cm	10 株	0.20
17	合欢	合欢 胸径≤10cm	10 株	1.10
		合欢 胸径≤30cm	10 株	0.20
18	红叶石楠球	红叶石楠球 蓬径≤100cm	10 株	2.10
		红叶石楠球 蓬径≤200cm	10 株	1.70
19	厚皮香	厚皮香 高度≤100cm	10 株	0.10
20	花叶蔓长春	花叶蔓长春 藤长 100 以下 每丛 10 支	$10m^2$	79.73
21	黄菖蒲	黄菖蒲 每丛 10 枝	10 丛	3.50
22	黄樟	黄樟 胸径≤20cm	10 株	0.90

续表

序号	类型	名　称	单位	工程量
23	吉祥草	吉祥草	$10m^2$	138.65
24	加纳利海枣	加纳利海枣 胸径>40cm	10株	0.30
25	夹竹桃	夹竹桃 高度>300cm	10株	11.50
26	金桂	金桂 高度>300cm	10株	1.00
		金桂 高度≤300cm	10株	12.70
27	金叶女贞球	金叶女贞球 蓬径≤100cm	10株	1.00
28	榉树	榉树 胸径>40cm	10株	0.10
		榉树 胸径≤10cm	10株	0.30
		榉树 胸径≤20cm	10株	0.10
29	楝树	苦楝 胸径≤40cm	10株	0.20
30	蜡梅	蜡梅 高度≤300cm	10株	6.50
31	栎树	栎树 胸径>40cm	10株	0.10
32	栾树	栾树 胸径≤20cm	10株	0.80
		栾树 胸径≤30cm	10株	0.40
		栾树 胸径≤40cm	10株	0.40
33	络石	络石 藤长81~120	$10m^2$	16.48
34	麦冬	麦冬	$10m^2$	509.80
35	美人蕉	美人蕉 高度≤100cm	10株	2.60
36	木荷	木荷 胸径≤20cm	10株	7.00
37	木槿	木槿 高度≤200cm	10株	6.40
38	南天竹	南天竹 高度≤100cm	10株	0.30
39	女贞	女贞 胸径≤10cm	10株	3.50
		女贞 胸径≤20cm	10株	3.40
40	泡桐	泡桐 胸径>40cm	10株	0.10
		泡桐 胸径≤30cm	10株	0.60
		泡桐 胸径≤40cm	10株	0.10
		泡酮 胸径≤20cm	10株	0.10
41	朴树	朴树 胸径≤20cm	10株	0.10
		朴树 胸径≤30cm	10株	1.10
42		其他苗木		5.00
43	楸树	楸树 胸径≤40cm	10株	0.10
44	山茶	山茶 高度≤100cm	10株	0.20
		山茶 高度≤200cm	10株	2.50

续表

序号	类型	名 称	单位	工程量
45	珊瑚树	珊瑚 高度>200cm	10m	8.95
		珊瑚 高度≤200cm	10m	28.49
		珊瑚 高度≤300cm	10株	1.00
46	石榴	石榴 高度≤200cm	10株	0.40
47	石楠	石楠 高度≤200cm	10株	0.40
48	石蒜	石蒜	10m^2	15.05
49	水杉	水杉 胸径≤10cm	10株	3.40
		水杉 胸径≤20cm	10株	9.20
		水杉 胸径≤30cm	10株	1.40
50	蚊母	蚊母 高度≤200cm	10株	9.40
		蚊母 高度≤300cm	10株	0.60
51	乌桕	乌桕 胸径≤20cm	10株	0.10
52	无患子	无患子 胸径≤10cm	10株	2.00
		无患子 胸径≤20cm	10株	2.20
53	香樟	香樟 胸径>40cm	10株	0.60
		香樟 胸径≤10cm	10株	2.50
		香樟 胸径≤30cm	10株	7.80
		香樟 胸径≤40cm	10株	4.90
		香樟 胸径≤5cm	10株	1.00
54	悬铃木类	悬铃木 胸径>40cm	10株	0.40
		悬铃木 胸径≤40cm	10株	1.20
55	雪松	雪松 胸径>40cm	10株	0.10
		雪松 胸径≤40cm	10株	0.10
56	杨梅	杨梅 高度>300cm	10株	0.50
57	银桂	银桂 高度≤300cm	10株	1.70
58	银杏	银杏 胸径≤30cm	10株	0.20
59	樱桃	樱桃 高度≤200cm	10株	0.20
60	榆树	榆树 胸径≤40cm	10株	0.40
61	鸢尾	鸢尾	10m^2	66.66
62	紫荆	紫荆 高度≤100cm	10株	0.10
		紫荆 高度≤200cm	10株	0.30
		紫荆 高度≤300cm	10株	2.10
63	紫叶李	紫叶李 高度>300cm	10株	2.30
		紫叶李 高度≤300cm	10株	8.95
64	棕榈	棕榈 胸径≤10cm	10株	28.49

非植物元素勘查汇总表

项目名称:×××公园养护

序号	项目	细　目	数量	计量单位	备注
1	园路广场	整体式混凝土面层	4000.00	m^2	
2		沥青面层	960.00	m^2	
3		块料面层	21000.00	m^2	
4		花式园路面层	3615.00	m^2	
5	水面	源泊保洁	16667.00	m^2	
6	建筑小品	内部建筑 办公用房	495.40	m^2	
7		内部建筑 辅助用房	737.00	m^2	
8		对外建筑 餐厅、展示用房	1315.50	m^2	
9		对外建筑 售票房等其他建筑	150.10	m^2	
10		古典建筑 亭	35.50	m^2	
11		古典建筑 廊	120.10	m^2	
12		花架、廊 混凝土	89.60	m^2	
13		石假山	44.40	t	
14		零星石构件 花坛石	82.50	m^2	
15		园桥 钢筋混凝土	31.40	m^2	
16		围墙 砖砌	490.70	m	
17		围墙 钢结构	134.60	m	

续表

序号	项目	细　目	数量	计量单位	备注
18	其他	园椅、凳(木质) 5 年以内	63200.00	元(总价)	
19		垃圾桶(金属) 5 年以内	11000.00	元(总价)	
20		报廊、告示牌(金属) 5 年以内	3250.00	元(总价)	
21		植物铭牌、指示牌(金属) 5 年以内	47000.00	元(总价)	
22		配电房设备 5 年以上	55000.00	元(总价)	
23		水闸、泵房设备 5 年以内	306000.00	元(总价)	
24		车辆设备 5 年以内	111000.00	元(总价)	
25		机具设备 5 年以内	27900.00	元(总价)	
26		健身设备 5 年以内	22400.00	元(总价)	
27		上水系统 5 年以内	35600.00	元(总价)	
28		下水系统 5 年以内	10000.00	元(总价)	
29		电力、照明系统 5 年以内	106500.00	元(总价)	
30		广播、监控系统 5 年以内	15000.00	元(总价)	
31		垃圾处理	65.00	t	
32		广场、道路保洁 每天清扫二次	29575.00	m^2	
33		绿地治安巡视	16276.00	m^2	

附件五

2015年全国各地区月最低工资标准情况

地区	标准实行日期	月最低工资标准			
		第一档	第二档	第三档	第四档
北京	2015.04.01	1720			
天津	2015.04.01	1850			
河北	2014.12.01	1480	1420	1310	1210
山西	2015.05.01	1620	1520	1420	1320
内蒙古	2014.07.01	1500	1400	1300	1200
辽宁	2013.07.01	1300	1050	900	
吉林	2013.07.01	1320	1220	1120	
黑龙江	2012.12.01	1160	1050	900	850
上海	2014.08.01	2020			
江苏	2014.00.01	1630	1460	1270	
浙江	2014.08.01	1650	1470	1350	1220
安徽	2013.07.01	1260	1040	930	860
福建	2013.08.01	1320	1170	1050	950
江西	2014.07.01	1390	1300	1210	1060
山东	2015.03.01	1600	1450	1300	
河南	2014.07.01	1400	1250	1100	
湖北	2013.09.01	1300	1020	900	
湖南	2015.01.01	1390	1250	1130	1030
广东	2015.05.01	1895	1510	1350	1210
其中:深圳	2015.03.01	2030			
广西	2015.01.01	1400	1210	1085	1000
海南	2015.01.01	1270	1170	1120	
重庆	2014.01.01	1250	1150		
四川	2014.07.01	1400	1250	1100	
贵州	2014.07.01	1250	1100	1000	
云南	2014.05.01	1420	1270	1070	
西藏	2015.01.01	1400			
陕西	2015.05.01	1480	1370	1260	1190
甘肃	2015.04.01	1470	1420	1370	1320
青海	2014.05.01	1270	1260	1250	
宁夏	2013.05.01	1300	1220	1150	
新疆	2013.06.01	1520	1320	1240	1160

附件六

估算指标项目汇总

人工单位:元/工日

序号	指标类别	单位	指标名称	数量	测算方法
一	综合估算指标	元/百 m^2	一级养护,二级养护,三级养护,其他绿地养护	4	典型工程测算资料
二	纯绿地养护单价指标	元/百 m^2	一级养护,二级养护,三级养护,其他绿地养护	4	典型工程测算资料
三	道路广场维护单价指标	元/百 m^2	一级养护,二级养护,三级养护,其他绿地养护	4	典型工程测算资料
四	水面积维护单价指标	元/百 m^2	一级养护,二级养护,三级养护,其他绿地养护	4	典型工程测算资料
五	建筑小品维护单价指标	元/百 m^2	一级养护,二级养护,三级养护,其他绿地养护	4	典型工程测算资料
六	其他维护单价指标	元/百 m^2	一级养护,二级养护,三级养护,其他绿地养护	4	典型工程测算资料
七	单项维护单价指标				
1	行道树	元/百株	一级养护,二级养护	2	软件自动生成
2	容器植物养护单价指标	元/百盆	盆及内径在20cm以内,50以内,50以上	3	软件自动生成
		元/百箱	箱体外径在150cm×150cm以内,200cm×200cm以内,200cm×200cm以上	3	软件自动生成
	容器植物进出场(次)	元/百盆(箱)	盆栽植物进出场,(箱栽植物进出场)	2	软件自动生成
3	立体绿化养护单价指标	元/百 m^2	高度在3.6m以下,3.6m以上	2	软件自动生成
4	古树名木养护单价指标	元/10株	树树龄在100年以上,300r年以上,500年以上	3	软件自动生成
八	指标合计			39	

附件七

绿地现场勘查数据汇总表(一)

绿地名称________ 养护等级________ 勘查人员________

序号	定额编号	项目名称(规格)	单位	地块A	地块B	地块C	地块D	地块E	………	数量合计
1	1-1-1	乔木(常绿)胸径在10cm以内	10株							
2	1-1-2	乔木(常绿)胸径在20cm以内	10株							
3	1-1-3	乔木(常绿)胸径在30cm以内	10株							
4	1-1-4	乔木(常绿)胸径在40cm以内	10株							
5	1-1-5	乔木(常绿)胸径在40cm以上	10株							
6	1-1-6	乔木(落叶)胸径在10cm以内	10株							
7	1-1-7	乔木(落叶)胸径在20cm以内	10株							
8	1-1-8	乔木(落叶)胸径在30cm以内	10株							
9	1-1-9	乔木(落叶)胸径在40cm以内	10株							
10	1-1-10	乔木(落叶)胸径在40cm以上	10株							
11	1-2-1	灌木(常绿)灌丛高度在100cm以内	10株							
12	1-2-2	灌木(常绿)灌丛高度在200cm以内	10株							
13	1-2-3	灌木(常绿)灌丛高度在300cm以内	10株							
14	1-2-4	灌木(常绿)灌丛高度在300cm以上	10株							
15	1-2-5	灌木(落叶)灌丛高度在100cm以内	10株							
16	1-2-6	灌木(落叶)灌丛高度在200cm以内	10株							
17	1-2-7	灌木(落叶)灌丛高度在300cm以内	10株							

续表

序号	定额编号	项目名称(规格)	单位	地块 A	地块 B	地块 C	地块 D	地块 E	………	数量合计
18	1-2-8	灌木(落叶)灌丛高度在300cm以上	10株							
19	1-3-1	绿篱(单排)高度在100cm以内	10m							
20	1-3-2	绿篱(单排)高度在200cm以内	10m							
21	1-3-3	绿篱(单排)高度在200cm以上	10m							
22	1-3-4	绿篱(双排)高度在100cm以内	10m							
23	1-3-5	绿篱(双排)高度在200cm以内	10m							
24	1-3-6	绿篱(双排)高度在200cm以上	10m							
25	1-3-7	绿篱(片植)高度在100cm以内	10m							
26	1-3-8	绿篱(片植)高度在200cm以内	10m							
27	1-3-9	绿篱(片植)高度在200cm以上	10m							
28	1-4-1	竹类地被竹	$10m^2$							
29	1-4-2	竹类散生竹	$10m^2$							
30	1-4-3	竹类丛生竹	10丛							
31	1-5-1	造型植物蓬径在100cm以内	10株							
32	1-5-2	造型植物蓬径在200cm以内	10株							
33	1-5-3	造型植物蓬径在200cm以上	10株							
34	1-6-1	攀缘植物	$10m^2$							
35	1-7-1	地被植物	$10m^2$							

续表

序号	定额编号	项目名称(规格)	单位	地块A	地块B	地块C	地块D	地块E	………	数量合计
36	1-8-1	花坛花镜 花坛	$10m^2$							
37	1-8-2	花坛花镜 花镜	$10m^2$							
38	1-8-3	花坛花镜 立体花坛	$10m^2$							
39	1-9-1	草坪 暖季型(满铺)	$10m^2$							
40	1-9-2	草坪 冷季型(满铺)	$10m^2$							
41	1-9-3	草坪 混合型(满铺)	$10m^2$							
42	1-10-1	水生植物 塘植	10丛							
43	1-10-2	水生植物 盆(缸)植	10盆(缸)							
44	1-10-3	水生植物 浮岛	$10m^2$							
45	4-1-1	其他绿地养护 幼林抚育	$1000m^2$							
46	4-1-2	其他绿地养护 杂草控制	$1000m^2$							
47	4-1-3	其他绿地养护 垄沟清理	$1000m^2$							
48	4-1-4	其他绿地养护 有害生物控制	$1000m^2$							
49	4-1-5	其他绿地养护 林木修枝	$1000m^2$							
50	4-1-6	其他绿地养护 林木间伐	$1000m^2$							
51	4-1-7	其他绿地养护 伐枝木处理	t							
54	4-1-8	其他绿地养护 林地保洁	$1000m^2$							
55	4-1-9	其他绿地养护 树木刷白	10株							

续表

序号	定额编号	项目名称(规格)	单位	地块 A	地块 B	地块 C	地块 D	地块 E	………	数量合计
56	4-2-1	行道树一级养护 常绿乔木胸径在 10cm 以内	10 株							
57	4-2-2	行道树一级养护 常绿乔木胸径在 20cm 以内	10 株							
58	4-2-3	行道树一级养护 常绿乔木胸径在 30cm 以内	10 株							
59	4-2-4	行道树一级养护 常绿乔木胸径在 40cm 以内	10 株							
60	4-2-5	行道树一级养护 常绿乔木胸径在 40cm 以上	10 株							
61	4-2-6	行道树一级养护 落叶乔木胸径在 10cm 以内	10 株							
62	4-2-7	行道树一级养护 落叶乔木胸径在 20cm 以内	10 株							
63	4-2-8	行道树一级养护 落叶乔木胸径在 30cm 以内	10 株							
64	4-2-9	行道树一级养护 落叶乔木胸径在 40cm 以内	10 株							
65	4-2-10	行道树一级养护 落叶乔木胸径在 40cm 以上	10 株							
66	4-2-11	行道树二级养护 常绿乔木胸径在 10cm 以内	10 株							
67	4-2-12	行道树二级养护 常绿乔木胸径在 20cm 以内	10 株							
68	4-2-13	行道树二级养护 常绿乔木胸径在 30cm 以内	10 株							
69	4-2-14	行道树一级养护 常绿乔木胸径在 40cm 以内	10 株							
70	4-2-15	行道树二级养护 常绿乔木胸径在 40cm 以上	10 株							
71	4-2-16	行道树二级养护 落叶乔木胸径在 10cm 以内	10 株							
72	4-2-17	行道树二级养护 落叶乔木胸径在 20cm 以内	10 株							

续表

序号	定额编号	项目名称(规格)	单位	地块 A	地块 B	地块 C	地块 D	地块 E	………	数量合计
73	4-2-18	行道树二级养护 落叶乔木胸径在 30cm 以内	10 株							
74	4-2-19	行道树二级养护 落叶乔木胸径在 40cm 以内	10 株							
75	4-2-20	行道树二级养护 落叶乔木胸径在 40cm 以上	10 株							
76	4-3-1	容器植物养护 盆口径在 20cm 以内	10 盆/天							
77	4-3-2	容器植物养护 盆口径在 50cm 以内	10 盆/天							
78	4-3-3	容器植物养护 盆口径在 50cm 以上	10 盆/天							
79	4-3-4	容器植物进出场台班运输	10 盆/次							
80	4-3-5	箱栽植物养护 箱体外尺寸在 150×150 以内	10 只/天							
81	4-3-6	箱栽植物养护 箱体外尺寸在 200×200 以内	10 只/天							
82	4-3-7	箱栽植物养护 箱体外尺寸在 200×200 以上	10 只/天							
83	4-3-8	箱体植物进出场台班运输	10 只/次							
84	4-4-1	造型及垂植绿化养护 高度在 3.6m 以内	$10m^2$							
85	4-4-2	造型及垂植绿化养护 高度在 3.6m 以上	$10m^2$							
86	4-5-1	古树名木养护 树龄在 100 在年以上	株							
87	4-5-2	古树名木养护 树龄在 300 在年以上	株							
88	4-5-3	古树名木养护 树龄在 500 在年以上	株							
89	5-1-1	普通建筑 办公用房	$10m^2$							

续表

序号	定额编号	项目名称(规格)	单位	地块 A	地块 B	地块 C	地块 D	地块 E	………	数量合计
90	5-1-2	普通建筑 辅助用房	$10m^2$							
91	5-1-3	普通建筑 餐厅、展示用房	$10m^2$							
92	5-1-4	普通建筑 售票房等其他建筑	$10m^2$							
93	5-1-5	古典建筑 亭	$10m^2$							
94	5-1-6	古典建筑 廊	$10m^2$							
95	5-1-7	古典建筑 楼、阁	$10m^2$							
96	5-1-8	古典建筑 水榭、房	$10m^2$							
97	5-1-9	古典建筑 厅、堂、轩	$10m^2$							
98	5-1-10	古典建筑 牌楼	$10m^2$							
99	5-1-11	古典建筑 古典建筑塔	$10m^2$							
100	5-2-1	花架、廊 混凝土	$10m^2$							
101	5-2-2	花架、廊 钢结构	$10m^2$							
102	5-2-3	石假山	10t							
103	5-2-4	塑假山	$10m^3$							
104	5-2-5	景石、峰石	10t							
105	5-2-6	附壁石	10t							
106	5-2-7	景石墙	$10m^2$							
107	5-2-8	零星石构件 驳岸	10m							

续表

序号	定额编号	项目名称(规格)	单位	地块 A	地块 B	地块 C	地块 D	地块 E	………	数量合计
108	5-2-9	零星石构件 花坛石	$10m^2$							
109	5-2-10	零星石构件 树穴、道路侧石	10m							
110	5-2-11	园桥 石桥	$10m^2$							
111	5-2-12	园桥 钢筋混凝土	$10m^2$							
112	5-2-13	园桥 木桥、木栈桥	$10m^2$							
113	5-2-14	栏杆 混凝土	10m							
114	5-2-15	栏杆 钢	10m							
115	5-2-16	园路广场 整体式混凝土面层	$10m^2$							
116	5-2-17	园路广场 沥青面层	$10m^2$							
117	5-2-18	园路广场 块料面层	$10m^2$							
118	5-2-19	园路广场 花式园路	$10m^2$							
119	5-2-20	围墙 砖砌	10m							
120	5-2-21	围墙 钢结构	10m							
121	5-2-22	围墙 古式	10m							
122	5-2-23	其他围墙	10m							
123	5-3-1	雕塑(金属) 5 年以内	万元							
124	5-3-2	雕塑(金属) 5 年以上	万元							
125	5-3-3	雕塑(塑钢、玻璃钢) 5 年以内	万元							

续表

序号	定额编号	项目名称(规格)	单位	地块 A	地块 B	地块 C	地块 D	地块 E	………	数量合计
126	5-3-4	雕塑(塑钢、玻璃钢) 5 年以上	万元							
127	5-3-5	雕塑基座贴面	$10m^2$							
128	5-3-6	钢栏杆 5 年以内	万元							
129	5-3-7	钢栏杆 5 年以上	万元							
130	5-3-8	砼栏杆 5 年以内	万元							
131	5-3-9	砼栏杆 5 年以上	万元							
132	5-3-10	其他塑件 5 年以内	万元							
133	5-3-11	其他塑件 5 年以上	万元							
134	5-3-12	树穴盖板(铸铁) 5 年以内	万元							
135	5-3-13	树穴盖板(铸铁) 5 年以上	万元							
136	5-3-14	树穴盖板(塑钢) 5 年以内	万元							
137	5-3-15	树穴盖板(塑钢) 5 年以上	万元							
138	5-3-16	树穴盖板(混凝土) 5 年以内	万元							
139	5-3-17	树穴盖板(混凝土) 5 年以上	万元							
140	5-3-18	水池底壁 整体式	万元							
141	5-3-19	水池底壁 块料式	万元							
142	6-1-1	配电房设备 5 年以内	万元							
143	6-1-2	配电房设备 5 年以上	万元							

续表

序号	定额编号	项目名称(规格)	单位	地块 A	地块 B	地块 C	地块 D	地块 E	………	数量合计
144	6-1-5	车辆设备5年以内	万元							
145	6-1-6	车辆设备5年以上	万元							
146	6-1-7	机具设备5年以内	万元							
147	6-1-8	机具设备5年以上	万元							
148	6-1-9	消防设备5年以内	万元							
149	6-1-10	消防设备5年以上	万元							
150	6-1-11	健身设备5年以内	万元							
151	6-1-12	健身设备5年以上	万元							
152	6-1-13	其他设备5年以内	万元							
153	6-1-14	其他设备5年以上	万元							
154	6-2-1	上水系统5年以内	万元							
155	6-2-2	上水系统5年以上	万元							
156	6-2-3	下水系统5年以内	万元							
157	6-2-4	下水系统5年以上	万元							
158	6-2-5	电力、照明系统5年以内	万元							
159	6-2-6	电力、照明系统5年以上	万元							
160	6-2-7	广播、监控系统5年以内	万元							

续表

序号	定额编号	项目名称(规格)	单位	地块 A	地块 B	地块 C	地块 D	地块 E	………	数量合计
161	6－2－8	广播、监控系统 5 年以上	万元							
162	6－2－9	制冷、供暖系统 5 年以内	万元							
163	6－2－10	制冷、供暖系统 5 年以上	万元							
164	6－2－11	能源费用(年费用) 前三年累计平均费用	万元							
165	6－2－12	其他设施 5 年以内	万元							
166	6－2－13	其他设施 5 年以上	万元							
167	6－3－1	园椅、凳(铁、石) 5 年以内	万元							
168	6－3－2	园椅、凳(铁、石) 5 年以上	万元							
169	6－3－3	园椅、凳(木质) 5 年以内	万元							
170	6－3－4	园椅、凳(木质) 5 年以上	万元							
171	6－3－5	垃圾桶(金属) 5 年以内	万元							
172	6－3－6	垃圾桶(金属) 5 年以上	万元							
173	6－3－7	垃圾桶(非金属) 5 年以内	万元							
174	6－3－8	垃圾桶(非金属) 5 年以上	万元							
175	6－3－9	报廊、告示牌(金属) 5 年以内	万元							
176	6－3－10	报廊、告示牌(金属) 5 年以上	万元							
177	6－3－11	报廊、告示牌(非金属) 5 年以内	万元							
178	6－3－12	报廊、告示牌(非金属) 5 年以上	万元							

续表

序号	定额编号	项目名称(规格)	单位	地块 A	地块 B	地块 C	地块 D	地块 E	………	数量合计
179	6-3-13	植物铭牌、指示牌(金属)5 年以内	万元							
180	6-3-14	植物铭牌、指示牌(金属)5 年以上	万元							
181	6-3-15	植物铭牌、指示牌(非金属)5 年以内	万元							
182	6-3-16	植物铭牌、指示牌(非金属)5 年以上	万元							
183	6-3-17	其他零星维护 5 年以内	万元							
184	6-3-18	其他零星维护 5 年以上	万元							
185	7-1-1	河道保洁 河宽 20m 以内	$1000m^2$·每天一次							
186	7-1-2	河道保洁 河宽 20m 以上	$1000m^2$·每天一次							
187	7-1-3	湖泊保洁 单位面积 $1000m^2$ 以下	$1000m^2$·每天一次							
188	7-1-4	湖泊保洁 单位面积 $1000m^2$ 以上	$1000m^2$·每天一次							
189	7-1-5	垃圾处理	t							
190	7-1-6	广场、道路保洁 每天清扫一次	$1000m^2$							
191	7-1-7	广场、道路保洁 每天清扫二次	$1000m^2$							
192	7-1-8	广场、道路保洁 每天清扫三次	$1000m^2$							
193	7-1-9	厕所保洁(固定) 10 厕位以内	年(365 天)							
194	7-1-10	厕所保洁(固定) 10 厕位以上	年(365 天)							
195	7-1-11	厕所保洁(流动) 8 厕位以内	年(365 天)							
196	7-1-12	厕所保洁(流动) 8 厕位以上	年(365 天)							

续表

序号	定额编号	项目名称(规格)	单位	地块 A	地块 B	地块 C	地块 D	地块 E	………	数量合计
197	7-2-1	林地(绿地)专项巡视	亩							
198	7-2-2	绿地治安巡视	$10000m^2$							
199	7-2-3	门卫设置(兼检票人员)	处							
200	7-2-4	售票人员设置	窗口							

绿地现场勘查数据统计表(二)

绿地名称＿＿＿＿＿＿＿＿ 养护等级＿＿＿＿＿＿＿＿ 地块编号＿＿＿＿＿＿＿＿

序号	项目名称(规格)	单位	品种(一)	品种(二)	品种(三)	品种(四)	品种(五)	品种(六)	品种(七)	……	数量小计
1	乔木(常绿)胸径在10cm以内	10株									
2	乔木(常绿)胸径在20cm以内	10株									
3	乔木(常绿)胸径在30cm以内	10株									
4	乔木(常绿)胸径在40cm以内	10株									
5	乔木(常绿)胸径在40cm以上	10株									
6	乔木(落叶)胸径在10cm以内	10株									
7	乔木(落叶)胸径在20cm以内	10株									
8	乔木(落叶)胸径在30cm以内	10株									
9	乔木(落叶)胸径在40cm以内	10株									
10	乔木(落叶)胸径在40cm以上	10株									
11	灌木(常绿)灌丛高度在100cm以内	10株									
12	灌木(常绿)灌丛高度在200cm以内	10株									
13	灌木(常绿)灌丛高度在300cm以内	10株									
14	灌木(常绿)灌丛高度在300cm以上	10株									
15	灌木(落叶)灌丛高度在100cm以内	10株									
16	灌木(落叶)灌丛高度在200cm以内	10株									
17	灌木(落叶)灌丛高度在300cm以内	10株									

续表

序号	项目名称(规格)	单位	品种(一)	品种(二)	品种(三)	品种(四)	品种(五)	品种(六)	品种(七)	……	数量小计
18	灌木(落叶)灌丛高度在300cm以上	10株									
19	绿篱(单排)高度在100cm以内	10m									
20	绿篱(单排)高度在200cm以内	10m									
21	绿篱(单排)高度在200cm以上	10m									
22	绿篱(双排)高度在100cm以内	10m									
23	绿篱(双排)高度在200cm以内	10m									
24	绿篱(双排)高度在200cm以上	10m									
25	绿篱(片植)高度在100cm以内	10m									
26	绿篱(片植)高度在200cm以内	10m									
27	绿篱(片植)高度在200cm以上	10m									
28	竹类 地被竹	$10m^2$									
29	竹类 散生竹	$10m^2$									
30	竹类丛生竹	10丛									
31	造型植物蓬径在100cm以内	10株									
32	造型植物蓬径在200cm以内	10株									
33	造型植物蓬径在200cm以上	10株									
34	攀缘植物	$10m^2$									
35	地被植物	$10m^2$									

续表

序号	项目名称(规格)	单位	品种(一)	品种(二)	品种(三)	品种(四)	品种(五)	品种(六)	品种(七)	……	数量小计
36	花坛花镜 花坛	$10m^2$									
37	花坛花镜 花镜	$10m^2$									
38	花坛花镜 立体花坛	$10m^2$									
39	草坪 暖季型(满铺)	$10m^2$									
40	草坪 冷季型(满铺)	$10m^2$									
41	草坪 混合型(满铺)	$10m^2$									
42	水生植物塘植	10 丛									
43	水生植物盆(缸)植	10 盆(缸)									
44	水生植物浮岛	$1000m^2$									
45	其他绿地养护 幼林抚育	$1000m^2$									
46	其他绿地养护 杂草控制	$1000m^2$									
47	其他绿地养护 垄沟清理	$1000m^2$									
48	其他绿地养护 有害生物控制	$1000m^2$									
49	其他绿地养护 林木修枝	$1000m^2$									
50	其他绿地养护 林木间伐	$1000m^2$									
51	其他绿地养护 伐枝木处理	t									
52	其他绿地养护 林地保洁	$1000m^2$									

续表

序号	项目名称(规格)	单位	品种(一)	品种(二)	品种(三)	品种(四)	品种(五)	品种(六)	品种(七)	……	数量小计
53	其他绿地养护 树木刷白	10株									
54	行道树一级养护 常绿乔木胸径在10cm以内	10株									
55	行道树一级养护 常绿乔木胸径在20cm以内	10株									
56	行道树一级养护 常绿乔木胸径在30cm以内	10株									
57	行道树一级养护 常绿乔木胸径在40cm以内	10株									
58	行道树一级养护 常绿乔木胸径在40cm以上	10株									
59	行道树一级养护 落叶乔木胸径在10cm以内	10株									
60	行道树一级养护 落叶乔木胸径在20cm以内	10株									
61	行道树一级养护 落叶乔木胸径在30cm以内	10株									
62	行道树一级养护 落叶乔木胸径在40cm以内	10株									
63	行道树一级养护 落叶乔木胸径在40cm以上	10株									
64	行道树二级养护 常绿乔木胸径在10cm以内	10株									
65	行道树二级养护 常绿乔木胸径在20cm以内	10株									
66	行道树二级养护 常绿乔木胸径在30cm以内	10株									
67	行道树一级养护 常绿乔木胸径在40cm以内	10株									
68	行道树二级养护 常绿乔木胸径在40cm以上	10株									
69	行道树二级养护 落叶乔木胸径在10cm以内	10株									
70	行道树二级养护 落叶乔木胸径在20cm以内	10株									

续表

序号	项目名称(规格)	单位	品种(一)	品种(二)	品种(三)	品种(四)	品种(五)	品种(六)	品种(七)	……	数量小计
71	行道树二级养护落叶乔木胸径在30cm以内	10株									
72	行道树二级养护落叶乔木胸径在40cm以内	10株									
73	行道树二级养护落叶乔木胸径在40cm以上	10株									
74	容器植物养护 盆口径在20cm以内	10盆/天									
75	容器植物养护 盆口径在50cm以内	10盆/天									
76	容器植物养护 盆口径在50cm以上	10盆/天									
77	容器植物进出场台班运输	10盆/次									
78	箱栽植物养护箱体外尺寸在150×150以内	10只/天									
79	箱栽植物养护箱体外尺寸在200×200以内	10只/天									
80	箱栽植物养护箱体外尺寸在200×200以上	10只/天									
81	箱体植物进出场台班运输	10只/次									
82	造型及垂植绿化养护 高度在3.6m以内	$10m^2$									
83	造型及垂植绿化养护 高度在3.6m以上	$10m^2$									
84	古树名木养护 养护树龄在100年以上	株									
85	古树名木养护 养护树龄在300年以上	株									
86	古树名木养护 养护树龄在500年以上	株									
87	普通建筑 办公用房	$10m^2$									
88	普通建筑 辅助用房	$10m^2$									

续表

序号	项目名称(规格)	单位	品种(一)	品种(二)	品种(三)	品种(四)	品种(五)	品种(六)	品种(七)	……	数量小计
89	普通建筑 餐厅、展示用房	10m^2									
90	普通建筑 售票房等其他建筑	10m^2									
91	古典建筑 亭	10m^2									
92	古典建筑 廊	10m^2									
93	古典建筑 楼、阁	10m^2									
94	古典建筑 水榭、房	10m^2									
95	古典建筑 厅、堂、轩	10m^2									
96	古典建筑 牌楼	10m^2									
97	古典建筑 古典建筑塔	10m^2									
98	花架、廊 混凝土	10m^2									
99	花架、廊 钢结构	10m^2									
100	石假山	10^t									
101	塑假山	10m^3									
102	景石、峰石	10t									
103	附壁石	10t									
104	景石墙	10m^2									
105	零星石构件 驳岸	10m									
106	零星石构件 花坛石	10m^2									

续表

序号	项目名称(规格)	单位	品种(一)	品种(二)	品种(三)	品种(四)	品种(五)	品种(六)	品种(七)	……	数量小计
107	零星石构件 树穴、道路侧石	10m									
108	园桥 石桥	$10m^2$									
109	园桥 钢筋混凝土	$10m^2$									
110	园桥 木桥、木栈桥	$10m^2$									
111	栏杆 混凝土	10m									
112	栏杆 钢	10m									
113	园路广场 整体式混凝土面层	$10m^2$									
114	园路广场 沥青面层	$10m^2$									
115	园路广场 块料面层	$10m^2$									
116	园路广场 花式园路	$10m^2$									
117	围墙 砖砌	10m									
118	围墙 钢结构	10m									
119	围墙 古式	10m									
120	其他围墙	10m									
121	雕塑(金属) 5 年以内	万元									
122	雕塑(金属) 5 年以上	万元									
123	雕塑(塑钢、玻璃钢) 5 年以内	万元									
124	雕塑(塑钢、玻璃钢) 5 年以上	万元									

续表

序号	项目名称(规格)	单位	品种(一)	品种(二)	品种(三)	品种(四)	品种(五)	品种(六)	品种(七)	……	数量小计
125	雕塑基座贴面	$10m^2$									
126	钢栏杆 5 年以内	万元									
127	钢栏杆 5 年以上	万元									
128	砼栏杆 5 年以内	万元									
129	砼栏杆 5 年以上	万元									
130	其他塑件 5 年以内	万元									
131	其他塑件 5 年以上	万元									
132	树穴盖板(铸铁) 5 年以内	万元									
133	树穴盖板(铸铁) 5 年以上	万元									
134	树穴盖板(塑钢) 5 年以内	万元									
135	树穴盖板(塑钢) 5 年以上	万元									
136	树穴盖板(混凝土) 5 年以内	万元									
137	树穴盖板(混凝土) 5 年以上	万元									
138	水池底壁 整体式	万元									
139	水池底壁 块料式	万元									
140	配电房设备 5 年以内	万元									
141	配电房设备 5 年以上	万元									
142	水闸、泵房设备 5 年以内	万元									

续表

序号	项目名称(规格)	单位	品种(一)	品种(二)	品种(三)	品种(四)	品种(五)	品种(六)	品种(七)	……	数量小计
143	水闸、泵房设备5年以上	万元									
144	车辆设备5年以内	万元									
145	车辆设备5年以上	万元									
146	机具设备5年以内	万元									
147	机具设备5年以上	万元									
148	消防设备5年以内	万元									
149	消防设备5年以上	万元									
150	健身设备5年以内	万元									
151	健身设备5年以上	万元									
152	其他设备5年以内	万元									
153	其他设备5年以上	万元									
154	上水系统5年以内	万元									
155	上水系统5年以上	万元									
156	下水系统5年以内	万元									
157	下水系统5年以上	万元									
158	电力、照明系统5年以内	万元									
159	电力、照明系统5年以上	万元									
160	广播、监控系统5年以内	万元									

续表

序号	项目名称(规格)	单位	品种(一)	品种(二)	品种(三)	品种(四)	品种(五)	品种(六)	品种(七)	……	数量小计
161	广播、监控系统 5 年以上	万元									
162	制冷、供暖系统 5 年以内	万元									
163	制冷、供暖系统 5 年以上	万元									
164	能源费用(年费用)前三年累计平均费用	万元									
165	其他设施 5 年以内	万元									
166	其他设施 5 年以上	万元									
167	园椅、凳(铁、石) 5 年以内	万元									
168	园椅、凳(铁、石) 5 年以上	万元									
169	园椅、凳(木质) 5 年以内	万元									
170	园椅、凳(木质) 5 年以上	万元									
171	垃圾桶(金属) 5 年以内	万元									
172	垃圾桶(金属) 5 年以上	万元									
173	垃圾桶(非金属) 5 年以内	万元									
174	垃圾桶(非金属) 5 年以上	万元									
175	报廊、告示牌(金属) 5 年以内	万元									
176	报廊、告示牌(金属) 5 年以上	万元									
177	报廊、告示牌(非金属) 5 年以内	万元									
178	报廊、告示牌(非金属) 5 年以上	万元									

续表

序号	项目名称(规格)	单位	品种(一)	品种(二)	品种(三)	品种(四)	品种(五)	品种(六)	品种(七)	……	数量小计
179	植物铭牌、指示牌(金属)5年以内	万元									
180	植物铭牌、指示牌(金属)5年以上	万元									
181	植物铭牌、指示牌(非金属)5年以内	万元									
182	植物铭牌、指示牌(非金属)5年以上	万元									
183	其他零星维护5年以内	万元									
184	其他零星维护5年以上	万元									
185	河道保洁 河宽20m以内	$1000m^2$·每天一次									
186	河道保洁 河宽20m以上	$1000m^2$·每天一次									
187	湖泊保洁 单位面积$1000m^2$以下	$1000m^2$·每天一次									
188	湖泊保洁 单位面积$1000m^2$以上	$1000m^2$·每天一次									
189	垃圾处理	t									
190	广场、道路保洁 每天清扫一次	$1000m^2$									
191	广场、道路保洁 每天清扫二次	$1000m^2$									
192	广场、道路保洁 每天清扫三次	$1000m^2$									
193	厕所保洁(固定)10厕位以内	年(365天)									
194	厕所保洁(固定)10厕位以上	年(365天)									
195	厕所保洁(流动)8厕位以内	年(365天)									
196	厕所保洁(流动)8厕位以上	年(365天)									

续表

序号	项目名称(规格)	单位	品种(一)	品种(二)	品种(三)	品种(四)	品种(五)	品种(六)	品种(七)	……	数量小计
197	林地(绿地)专项巡视	亩									
198	绿地治安巡视	$10000m^2$									
199	门卫设置(兼检票人员)	处									
200	售票人员设置	窗口									

附件八

专家意见解答

2017 年 8 月,根据住建部征集到的“征求意见稿”的反馈资料,共收到广东、深圳、江苏、河北、内蒙古、新疆等六个省区 75 条意见。现按定额表现模式、修改内容、问题释疑三个部分,回复如下:

一、定额表现模式

(一)关于定额中人工消耗量表示方法和国家现行消耗量定额不一致的问题。

国家现行消耗量定额中的人工消耗量按普工、技工、高级技工三个等级表示。本定额为概算定额,是在预算定额的基础上定额项目的综合和扩大,具有综合性,故采用综合工日的表示方法。

(二)关于定额基本计量单位和国家现行计价规范不一致的问题。

为了识别各种繁多养护工程(造价)费用文件编制依据上的区别,按编制惯例,预算定额的基本计量单位为“个”位;概算定额为“十”位;估算指标为“百”位;故本定额采用以“十”为基本计量单位(个别计量单位因编制需求不同而例外)。

《计价规范》计价模式适用于工程投标文件的编制,一般应以企业定额和预算定额为参照依据。本定额主要是向地方财政申请年度养护费用,两者在使用上无直接关系,不影响定额的使用。

(三)定额消耗量是否需要保留四位数的问题。

通常条件下,定额编制采用手工方法的,一般保留小数点后二位、三位即可(例如:定额手工编制时,通常人工消耗量取小数点后二位;材料计量单位较大的木材按 m^3 计算,钢筋按 t 计算,通常取小数点后三位;单价相对较贵的材料、机械台班等通常取小数点后三位)。随着计算机软件的开发,计算数据更为精确,出现了保留三位、四位的现象。本定额受计算软件的制约,采用四位数的方法。现有国家定额基本上都采用保留三位数的方法。若国家无统一要求,各地可按照当地的使用习惯,尾数经四舍五入方法处理,小数点后保留几位,由地方自主确定。

(四)关于本定额中总说明、章说明、计算规则等条文说明中设置标题,和国家现有定额条文表述形式不统一以及条文表述内容过于详细的问题。

确实不统一,主要基于以下因素考虑:

1. 本定额定位于工具书的角度,设置标题是为了突显条文主题内容,查阅方便,易于运用。

2. 考虑到本定额属于初版,有的地区尚未接触过本定额,定额运用基础知识相对薄弱,因此,尽可能地予以详细说明。

若该方式必须和国家现有定额形式统一,则在定额定稿前,进行统一修改。

(五)建议一、二、三级绿地养护三章合并为一章。

章的设置主要考虑章内容(项目数量)总体布局的平衡。同时考虑到由于执行的绿化养护技术等级的不同,其消耗量变化较大,分章易于识别,可防止定额项目的错套、误套而造成不必要的差错。

(六)如何体现本定额和其他专业定额水平平衡的问题。

1. 本定额的人工消耗量参照国家现有劳动定额有关园林专业的消耗量取定,国家标准具有一定的权威性,和国家其他专业定额水平应相对协调。

2. 依据国家人社部发布的工资标准,本定额在测算时,验证了若干工程养护的实际支出费用,尽管有高低,但总体定额水平相对合理。

3. 在各地调查中,通过若干城市相关定额执行的实践经验验证,没有出现很大的问题,推行过程平稳,企业和财政接受度较高。

(七)建议在定额作用中增加“是养护企业内部核算、制订企业定额消耗量的参考”内容。

本定额应作为人工、材料、机械消耗量的最高限额。企业内部核算拟参照本专业施工预算定额和企业内部消耗量定额。

（八）本定额在表现模式上有什么特点。

1. 遵循了概算定额编制的基本框架要求。

2. 考虑了城市园林绿化养护的专业特点。

3. 定额项目内容基本符合各地实际需求。

二、定额修改内容

衷心感谢各位专家提出的宝贵意见，得以在定额定稿前予以完善，弥补不足。根据专家的意见，采纳了约30多条意见，定额修改的主要内容有：

（一）文字的修改。

包括总说明、章说明等表述文字的组织，前后用词的统一，重复内容的删除，以及标点符号的运用等。

（二）个别计量单位的前后统一。

（三）个别定额项目的取消。

（四）关于行道树清除修剪垃圾清理问题，增加了4t卡车机械台班消耗量等内容。

三、问题释疑

（一）要求提供相关绿化养护技术等级标准、操作规程等资料的问题。

本次定额编制未涉及相关标准、规程的制订工作，有关部门正在紧张编制过程中，待正式发布后由相关部门提供，国家尚未发布前的标准、规程等规定，可暂参照地方有关标准执行。

（二）关于定额中维护率的定义。

定额中的维护率适用于非植物元素项目。

维护率指为维护绿地中相关建筑、小品、设备、设施等工程的外观整洁、维持其正常使用功能所需的费用。维护率的概念相当于物业管理费的意思，区别于房屋修缮概念，所以不采用以实际维修量的多少来计算费用的方式。

（三）关于定额养护期的划分。

根据国家园林预算定额和劳动定额的划分要求，可分为定额栽植期养护、成活期养护、保存期养护，具体的划分和运用，可参见《辅导教材》相关说明。

（四）绿化养护技术等级标准和定额养护等级之间的关系。

是一一对应的关系。第四章其他绿地，适用于绿化养护技术等级以外——隶属园林部门管辖范围内的零星、以自然生态为主的绿地。

（五）关于定额增加项目的要求。

1. 关于增加遮阴篷搭设项目。

遮阴篷的搭设一般发生在园林绿化新建工程中，本定额为后期园林绿化的养护和管理，一般不应发生。

2. 增加胸径超40cm以上乔木的养护项目。

定额中已有超40cm以上乔木的养护项目，该项目适用于胸径60cm以内的乔木养护。

胸径规格和古树树龄是两个不同的概念。若确有胸径60cm以上，但未达到古树名木树龄100年以上的乔木养护，一般均参照胸径40cm以上的定额项目执行，若实际需要补充，由地方另行增加相应定额项目。

3. 增加垃圾处理的环保项目。

此项目主要指绿地内废弃物、垃圾的处理。可参见本定额垃圾处理项目执行。

4. 地被植物是否能按植物分类，增加相应定额项目？

本定额为概算定额，具有一定的综合性。地被植物项目细分，可在编制当地养护预算定额时考虑。

5. 小品建筑能否按不同材质，再细分定额项目。

可在当地编制养护预算定额时考虑。

6. 增加不耐寒植物的保护项目。

应选用适应当地自然条件的园林植物，不提倡选用需在冬季采取特别防寒措施的植物，有碍景观，浪费资源。若确实需要，由地方另行补充制定。

（六）关于计量单位。

1. 容器植物的计量单位是否能改为"年"。

容器植物的摆放，具有可移动性、季节性和临时性等特点，考虑适应容器植物受多变因素的影响，按天计算相对灵活一些。若采用年，随着变化因素，需要换算操作，相对困难。

2. 灌木规格和高度能否改为冠幅。

灌木由于种植密度不同，冠幅大小多变，不易操作。相对而言，净空高度比较单一，容易确认。

3. 垃圾处理计量单位是 t，是否改为 m^3。

一般垃圾清运和处理，是按汽车吨位计算台班量的，若采用 m^3 则换算比较困难，易发生纠纷。

4. 花坛工程量计算，是否可采用花坛边界的实际面积计算。

花坛采用实际覆盖面积计算比较符合养护的实际情况。因为实际覆盖面积和花坛的大小有一定的差异。同时，也适用于不设花坛边沿的花境和零星花卉的养护工程量的计算，比较方便。

（七）关于消耗量的取定。

1. 其他绿地定额项目中除幼林抚育项目外，为什么没有用水含量。

第四章其他绿地养护以自然生态为主，当地的常年降水量应该能够维持植物生长的需要。幼林抚育项目中的用水量，适用于当年栽植小苗所需的用水量，若发生可参照材料中括号内的用水量，计算相应的费用。

2. 水生植物养护项目中为什么没有肥料。

水生植物一般依靠水中的养分生长，具有净化水质的功能。不施肥料是保持水体不受污染，保持水质良好的需要。

3. 混合草坪养护人工消耗量偏高（河北），也有的提出人工消耗量偏低（广东），如何平衡。

混合草坪养护人工消耗量偏高或偏低，可能由地方气候不同，养护频率上的差异造成的。定额项目消耗量的取定依据调查数据，经综合平衡后，按适当的比例取定的，作个别项目消耗量偏差，原则上不做调整。

（八）机械台班消耗量的取定。

1. 辅助机械台班消耗量已包括在主要机械台班消耗量中，是否合适。

这是定额编制的惯例。因为辅助机械台班消耗量小、品种多、费用少，为简化定额，通常在主要机械消耗量中酌情考虑，不再另列辅助机械名称和台班消耗量。

2. 机械台班单价是否包括"经常性修理费"。

凡定额中列有机械名称和台班消耗量的机械，均按台班单价计算费用。机械台班单价中已包括通常所讲的一类费用（折旧费、经常修理费、大修理费、安拆装费和场外运输费）和二类费用（燃料动力费、人工费、养路费及车船使用费）。因此，机械台班单价中已包括经常性修理费用，不再另行增加经常性编修费用。

3. 如何运用定额中的车辆设备费用？包括什么范围。

定额项目中的车辆设备通常是指没有用台班单价计算的车辆设备，主要包括辅助性车辆和场内使用的非经营性车辆设备。已用台班单价计算的机械不得再计算其维护费用。经营性车辆设备的维护费用应在经营收入中列支。

（九）定额项目的运用。

1. 喷泉和游船套用什么定额项目。

喷泉套用设备维护项目，其用水费用应纳入能源费用中计算。游船若收费，则不应计算其维护费用。若不收费,建议列入设备项目费用中计算维修费用。例如:湖(河)保洁的垃圾船等。

2. 定额能源费用计算的依据是什么?怎么计算。

能源费用的范围是水、电、煤、油、汽等动力燃料费用,依据历年有关部门开具的票据为准。能源费用中应包括喷泉用水,河池一次性换水等费用,但不包括已列入机械台班的汽油、柴油等燃料费用。

3. 绿化养护采用胶管浇水,怎么计算。

定额以4t洒水车浇水为主,若采用胶管浇水,不作换算,仍执行定额项目。

4. 棕榈植物套用什么定额项目。

有主干的套用乔木定额项目,低矮的、无主干的套用灌木定额项目,南方棕榈植物较多,若有特殊的普遍需求,地方可另行补充相应定额项目。

5. 行道树采用重剪方式,人工等消耗量如何调整?

依据行道树养护操作规程,不提倡对行道树进行重度修剪。

6. 养护地被植物是否要考虑种植密度。

种植密度对新建绿化工程而言,由设计单位予以考虑。本定额后期养护,植物生长已成型,和种植密度无直接关系,所以一般均以覆盖面积计算。

7. 河、湖清淤和水草清除费用怎么计算。

定额中河湖项目主要工作内容是水面保洁,不包括清淤和水草清除。若发生,可设立专项费用申请,待批准后增加费用并予以实施。

8. 如何增加反季节绿化养护费用。

本定额是园林植物保存期养护为主体,以年度为计量单位,一般不发生园林植物成活期内养护,按定额规定工、料、机乘以1.25系数执行。对反季节园林植物栽植不提倡,若确实发生费用不够,可依据园林植物养护施工方案,涉及的工、料、机消耗量的增加,由双方协商,增加适当的费用。

9. 繁华地区(市中心)和山地绿化如何套用定额。

繁华地段可套用第一章一级绿地定额养护项目;山地绿化建议套用第四章其他绿地定额项目。

10. 其他绿地是否可改为林地养护。

其他绿地适用于等级外的零星绿地、山林等绿地。考虑到林业部门也有相关的养护定额,为避免概念上的冲撞,同时考虑定额项目实际运用中的宽泛性,暂不作修改。

11. 建议定额中树木起挖和栽植项目取消,若发生可借用施工预算定额项目。

本定额中树木起挖和栽植各有一个项目,适用范围较窄,依据建议已作取消。若发生,可借用预算定额,根据树木不同品种、规格套用相对应定额项目,这样显得更合理。

应该注意的是:本定额绿化养护定额项目中已包括苗木调整补植工程内容,因此,若发生少量的树木场内起挖、移植费用不做调整。若发生补植树木费用,可另行增加,但人工和机械不做调整。

12. 如何套用土壤改良费用。

土壤改良一般在园林植物养护期间不发生,若发生,可参照园林施工预算定额相关项目执行。

(十)其他。

1. 请提供和定额配套的费率标准。

定额的费率由当地定额(造价)管理部门,依据当地相关专业的水平、项目设置和税费费率标准等相关规定,另行制订和发布,和定额配套使用。

2. 定额执行中,若还有不明之处,除定额有关规定外,还可参照《辅导教材》有关说明执行。

3. 定额推行期间建议利用现有科技条件设立一个交流平台,有利于定额的宣传贯彻、疑问答复、经验交流、互相启发,使定额得以规范执行。